Ética ambiental y políticas internacionales

Publicado en 2010 por la Organización de las Naciones Unidas para la Educación, la Ciencia y la Cultura
7, place de Fontenoy 75732 Paris 07 SP, Francia

ISBN 978-92-3-304039-7

Título original: *Environmental ethics and international policy.*
Publicado en 2006 por la Organización de las Naciones Unidas para la Educación, la Ciencia y la Cultura.

Diseño gráfico: Ediciones UNESCO
Impresión: Imprimerie Laballery, Clamecy, 002205

Impreso en Francia

ÉTICA AMBIENTAL Y POLÍTICAS INTERNACIONALES

Editado por Henk A. M. J. ten Have

Emmanuel Agius
Robin Attfield
Johan Hattingh
Henk A. M. J. ten Have
Alan Holland
Teresa Kwiatkowska
Holmes Rolston
Mark Sagoff
Tongjin Yang

Colección "Ética"

Ediciones UNESCO

Índice general

Prefacio

La presente obra, una iniciativa conjunta de la Comisión Mundial de Ética del Conocimiento Científico y la Tecnología (COMEST) y la División de Ética de la Ciencia y Tecnología de la UNESCO, ofrece una perspectiva de la situación actual de la ética ambiental a cargo de ocho destacados expertos en esta disciplina. Después de haber estudiado las cuestiones prácticas referentes al agua potable, ha llegado el momento de considerar el avance que puede aportar la ética ambiental como una disciplina relativamente nueva al debate actual sobre las cuestiones del medio ambiente y ver de qué modo se puede enriquecer esta discusión y promover la toma de decisiones al respecto.

Los estudios aquí presentados tienen por objeto ubicar las consideraciones morales y las cuestiones de valor en un primer plano, mostrando que los asuntos relacionados con la gestión y las políticas del medio ambiente no pueden abordarse racionalmente sin un examen meticuloso de los valores y principios que las sustentan. La mayor contribución de estos artículos es el análisis respecto a la función implícita de la ética ambiental en las políticas internacionales actuales.

La obra contiene, además, varias propuestas de posibles medidas internacionales. La UNESCO y la COMEST estudiarán esas propuestas, las clasificarán según su conveniencia, viabilidad y coherencia políticas, y presentarán a los responsables de esta toma de decisiones una serie de opciones cuidadosamente calibradas. Con esta finalidad, la UNESCO y la COMEST han decidido emprender un proceso de consultas cuyo punto de partida es este libro.

Esta transformación de las ideas y las propuestas en medidas concretas requerirá un diálogo interdisciplinario entre las ciencias del medio ambiente y la ética ambiental. Para ello, la estructura interdisciplinaria e intercultural de la UNESCO y de la COMEST representa una ventaja evidente. Las distintas procedencias profesionales y culturales de los miembros de la COMEST y el hecho de que, por su propia naturaleza, la actividad de la Comisión se centre en las relaciones entre la ciencia y la ética, confieren a esta organización la primordial tarea de hacer que las ciencias ambientales tengan en cuenta las consideraciones éticas y, recíprocamente, de garantizar que las exigencias éticas sean compatibles con los conocimientos científicos más adelantados. De este modo, la UNESCO y la COMEST podrán ofrecer una base sólida sobre la cual se pueden articular propuestas de políticas internacionales. A fin de que sus ideas sean accesibles a lectores no especializados en ética o en filosofía, los autores han procurado expresarse con la mayor claridad y concisión posibles.

Agradezco a los ocho expertos que contribuyeron al estudio por ofrecer un amplio panorama de las cuestiones éticas relacionadas con el medio ambiente y por sus esfuerzos para adaptar su exposición a los propósitos y los destinatarios de este libro. Asimismo, los felicito por la calidad de los resultados. Sin duda, la presente obra contribuirá de modo significativo a agudizar la conciencia de las dimensiones morales de los problemas ambientales.

Pilar Armanet
Presidenta
Comisión Mundial de Ética del Conocimiento Científico y la Tecnología (COMEST)

Autores

Emmanuel Agius
Departamento de Teología Moral y Filosofía de la Universidad de Malta, Msida, Malta

Robin Attfield
División de Filosofía de la Universidad de Cardiff, Reino Unido

Johan Hattingh
Departamento de Filosofía de la Universidad de Stellenbosch, Stellenbosch, Sudáfrica

Henk A. M. J. ten Have
División de Ética de la Ciencia y la Tecnología, UNESCO, París, Francia

Alan Holland
Instituto para el Medio Ambiente, la Filosofía y las Políticas del Sector Público, Universidad de Lancaster, Lancaster, Reino Unido

Teresa Kwiatkowska
Departamento de Filosofía, Universidad Autónoma Metropolitana-Iztapalapa, Ciudad de México, México

Holmes Rolston
Departamento de Filosofía, Universidad Estatal de Colorado, Fort Collins, Colorado, Estados Unidos de América

Mark Sagoff
Instituto de Filosofía y Políticas del Sector Público, Universidad de Maryland, Baltimore, Maryland, Estados Unidos de América

Tongjin Yang
Instituto de Filosofía, Academia China de Ciencias Sociales, Beijing, China

INTRODUCCIÓN: MEDIO AMBIENTE, ÉTICA Y POLÍTICAS

Henk A. M. J. ten Have

La finalidad de la presente obra es hacer que quienes deciden las políticas ambientales y el público en general adquieran mayor conciencia de las dimensiones morales respecto a las cuestiones relacionadas con el ambiente. Mediante el examen y análisis del actual debate sobre ética ambiental, este libro explora los medios por los cuales esta disciplina, relativamente nueva, puede contribuir a la toma de decisiones políticas. Con este objetivo, en 2003 se decidió invitar a ocho destacados especialistas en ética ambiental a exponer sus ideas y recomendaciones sobre las principales cuestiones planteadas en esta esfera de la ética aplicada. En las reuniones celebradas en París (junio de 2004) y Nueva Orleans (noviembre de 2004) se intercambiaron opiniones y se debatieron las cuestionas más importantes. Los capítulos aquí presentados son el resultado final del análisis crítico de las relaciones entre medio ambiente, ética y políticas internacionales.

A pesar del creciente interés que despiertan las cuestiones ambientales en todas las esferas de la sociedad global, la dimensión ética de estos problemas no siempre se ha articulado adecuadamente en el proceso de toma de decisiones políticas. Hay una tendencia a dejar de lado las preocupaciones ambientales y simplemente pasar a la acción directa sin reflexionar sobre los objetivos, el alcance y la justificación de las políticas ambientales.

Hay ciertas preguntas éticas fundamentales que pueden, y desde luego deben, plantearse: ¿Debemos limitarnos a proteger el medio ambiente en la medida en que nos interese? ¿Qué es lo que hay que proteger: las especies, los individuos o los ecosistemas? ¿Cómo podemos evaluar las necesidades o los derechos de las generaciones futuras? ¿Qué significa el concepto de sostenibilidad? Con frecuencia estas preguntas quedan sin responder, y a veces ni siquiera se formulan cuando se elaboran y se aplican las políticas ambientales. Si queremos concebir y aplicar políticas racionales, coherentes y eficaces, tendremos que saber cuál es el soporte del desarrollo sostenible, lo que queremos conservar en la naturaleza y con qué finalidad.

La estrategia de la UNESCO en la esfera de la ética ambiental

Como ocurre con otros organismos de las Naciones Unidas, las cuestiones ambientales ocupan un lugar destacado en la labor de la Organización de las Naciones Unidas para la Educación, la Ciencia y la Cultura (UNESCO). No obstante, si la UNESCO concentra su actividad en las dimensiones morales de las ciencias y políticas ambientales, esto se debe a que la ética de la ciencia y la tecnología es uno de los cinco sectores prioritarios de la organización. La Comisión Mundial de Ética del Conocimiento Científico y la Tecnología (COMEST) se creó en 1998 con el objetivo de asesorar a la UNESCO sobre cuestiones éticas relativas a los conocimientos científicos y a la tecnología. La COMEST está compuesta de 18 prestigiosos científicos independientes y de otros expertos provenientes de diferentes regiones del mundo y de distintas disciplinas científicas; los miembros de la Comisión son nombrados por el Director General de la UNESCO para un mandato de cuatro años. La secretaría de la COMEST incumbe a la División de Ética de la Ciencia y la Tecnología, en la sede de la UNESCO en París. El mandato de la COMEST indica expresamente que es un organismo consultivo internacional, es decir, se trata de un foro intelectual en el cual se pueden intercambiar ideas y experiencias, además de alentar a la comunidad científica a examinar cuestiones éticas fundamentales y detectar las primeras señales de las situaciones de riesgo. La Comisión formula principios éticos que pueden aclarar las diversas opciones ofrecidas por los nuevos hallazgos y el impacto que éstos pueden tener. Además, la COMEST asesora a los encargados de la toma de decisiones sobre cuestiones de política ambiental y promueve el diálogo entre la comunidad científica internacional, los gobiernos y el público en general respecto a diversas cuestiones como el desarrollo sostenible, el uso y la administración del agua potable; la producción, distribución y uso de la energía; la exploración y la tecnología espacial y otros problemas relacionados con los derechos, los reglamentos y la equidad que plantea el acelerado crecimiento de la sociedad de la información.

En la primera reunión de la COMEST, celebrada en Oslo (Noruega) en 1999, se decidió que uno de los temas prioritarios sería la ética de los usos del agua potable y se creó una Subcomisión sobre la Ética del Agua Potable, bajo la presidencia de Lord John Selborne. La Subcomisión colaboró estrechamente con el Programa Hidrológico Internacional de la UNESCO (PHI), analizando una amplia variedad de temas relacionados con una administración ética del agua. En esta reunión se dio prioridad a la promoción de mejores prácticas éticas, antes que al análisis de las cuestiones éticas propiamente dichas. Los ejemplos de estas prácticas pueden estimular a la ciencia, a la tecnología y a las políticas para una mejor gestión de los recursos hídricos y también pueden servir de base a un amplio diálogo entre distintas disciplinas respecto a cuestiones éticas que están en el terreno de discusión. La Subcomisión completó sus trabajos sobre la ética del agua potable con la publicación del folleto *Best Ethical Practice in Water Use (Mejores prácticas éticas en el uso del agua)* (2004), que se ha distribuido ampliamente en los Estados Miembros de la UNESCO. La cuestión de la ética del agua también se debatió intensamente en distintas reuniones internacionales. La COMEST organiza una sesión pública cada dos años donde participan científicos, filósofos, juristas y responsables de las políticas ambientales para examinar cuestiones éticas importantes en relación con la ciencia y la tecnología. Estas conferencias, que cuentan con una asistencia considerable, se organizan en diferentes regiones del mundo, no sólo para proporcionar una plataforma a los problemas globales sino también para estimular el debate ético y la creación de redes de expertos en esas regiones. Las conferencias más recientes se han celebrado en Río de Janeiro (2003) y en Bangkok (2005).

Después de esta primera fase de identificación de las prácticas más idóneas del uso del agua, la COMEST decidió elaborar una estrategia de mayor alcance; una de las razones de este enfoque se debe a que las cuestiones éticas relativas al uso del agua forman parte integral de los problemas más importantes del medio ambiente. A diferencia de la bioética, una esfera de la ética aplicada desde hace 30 años, la ética ambiental es una disciplina relativamente reciente. Sin embargo, como ha ocurrido con otras disciplinas científicas nuevas o incipientes, ésta desarrolla y perfecciona métodos y teorías, propone y ensaya conceptos, perfila y atenúa las controversias. Gradualmente, está apareciendo un *corpus* común de conocimientos y de acuerdos. Ha llegado el momento de hacer un balance de la situación actual de la ética ambiental para determinar los puntos de coincidencia y de divergencia y, si es posible, identificar un conjunto común de principios éticos de alcance global. La segunda razón para una aproximación más amplia es la necesidad de los Estados Miembros de orientaciones más profundas a este respecto. En su condición de órgano asesor de la UNESCO, la COMEST proporcionará asistencia, no sólo identificando cuestiones éticas fundamentales y promoviendo el diálogo, sino sugiriendo políticas internacionales que puedan ofrecer una opción constructiva en el intento de resolver estas cuestiones.

Dichas razones indujeron a la UNESCO a concentrar su actividad en la ética ambiental para verificar la eventual existencia de un acuerdo acerca de los principios fundamentales de esta disciplina y, de ser así, determinar cuáles son estos principios éticos o qué temas suscitan controversias y desacuerdos. Lo primero que se hizo fue consultar a la comunidad de expertos en ética y filosofía sobre los aspectos del debate. El resultado de estas consultas es el tema del presente libro. Sobre esta base, la próxima medida consistirá en dirigirse de nuevo a la comunidad de científicos del medio ambiente a fin de que éstos elaboren las propuestas y las ideas exploradas en la primera fase. En la tercera fase intervendrán los responsables de las políticas ambientales, quienes estudiarán las posibilidades de llegar a un consenso internacional sobre las propuestas y las ideas resultantes de las dos primeras fases.

Este procedimiento de tres fases tiene por objeto asegurar que las cuestiones éticas reciban la atención crítica que merecen. El contexto interdisciplinario en el que se inserta la ética ambiental no sólo exige una interacción intensa con la ciencia y la tecnología, sino que conlleva el riesgo de que las consideraciones científicas y tecnológicas prevalezcan sobre las consideraciones morales. En efecto, la experiencia del trabajo en grupos multidisciplinarios ha demostrado que las perspectivas éticas tienden a perder consistencia cuando se confrontan con otros puntos de vista, en particular con los de las ciencias naturales y ecológicas. Como éste es precisamente el problema que nos planteamos en primer lugar (el hecho de que los aspectos éticos de los problemas ambientales no suelen recibir suficiente atención), la primera etapa de nuestra labor se concentró principalmente en el horizonte ético. Un debate en torno a los aspectos morales de la adopción de políticas nos obliga a especificar y a entender lo que la ética ambiental tiene que decir acerca de las políticas internacionales. Es muy posible que la actual aplicación práctica de estas medidas requiera numerosos compromisos y adaptaciones para estructurar políticas viables que puedan suscitar un consenso internacional, pero los compromisos y la viabilidad sólo serán comprensibles si lo que *debe* hacerse queda claro desde un punto de vista ético. Una vez determinadas y justificadas racionalmente las recomendaciones morales, la comunidad científica podrá discutirlas con una mejor comprensión de las funciones de las diversas disciplinas implicadas. Esto nos conducirá a la tercera fase, en la que los responsables de la formulación de políticas ambientales podrán participar en el debate ético para determinar cuáles son las políticas internacionales que reflejan mejor los ideales de la ética ambiental.

En su condición de organización internacional, la UNESCO participa en diferentes clases de actividades desarrolladas en sus Estados Miembros. Primero están las actividades normativas: la UNESCO contribuye al establecimiento y a la articulación de principios éticos globales para orientar a los Estados Miembros cuando éstos abordan cuestiones referentes a una esfera particular de la ciencia y la tecnología. En segundo lugar, vienen las actividades de creación de capacidad: la UNESCO ayuda a los Estados Miembros a adquirir las capacidades necesarias para abordar aspectos éticos mediante la creación o el fortalecimiento de comités de ética, organismos, redes, instituciones de enseñanza o por medio de la redacción de leyes nacionales. En tercer lugar, la UNESCO promueve actividades de concientización para fomentar un comportamiento ético o un diálogo sobre cuestiones éticas que no han sido suficientemente discutidas y sobre las cuales no hay un consenso. En sus reuniones, los autores de los artículos que aparecen en este libro discutieron sobre estos tres tipos de actividades y sugirieron otras que podrían emprenderse bajo los auspicios de la UNESCO.

Contribuciones a la presente obra

La ética ambiental es una disciplina reciente y diversificada, como reconoce Tongjin Yang en su estudio titulado “Hacia una ética ambiental mundial igualitaria”, el cual sienta las bases para los posteriores capítulos. Este autor afirma claramente que los expertos en la ética del medio ambiente, contra lo que suele creerse, pueden convenir en un gran número de cuestiones y hacer propuestas sustanciales susceptibles de aceptación y de apoyo. Esta posibilidad de llegar a un consenso acerca de las políticas de la ética ambiental es un asunto importante al que nos referiremos más adelante. Las múltiples propuestas formuladas por Yang son prueba de la importancia de la ética ambiental y su pertinencia para las políticas del medio ambiante.

Uno de los problemas fundamentales de la ética ambiental, y también uno de los que provoca mayores discrepancias, es el aspecto del valor moral. Ésta es una cuestión fundamental por dos motivos: por sí misma, porque conocer lo que se debe proteger y lo que posee un valor es la base de las actividades y las decisiones humanas y, en relación con la ética ambiental como disciplina, porque el valor moral es precisamente lo que distingue a ésta de otras disciplinas, en particular de las ciencias ambientales. Este complejo problema se examina detalladamente en el trabajo de Holmes Rolston "Valores intrínsecos de la Tierra: la naturaleza y las naciones". Rolston se pregunta: "¿qué es lo que debe preservarse en la naturaleza?". Algunos afirman que la naturaleza debe respetarse porque es útil para los seres humanos, mientras que otros piensan que la naturaleza tiene un valor moral en sí misma. Aunque cada argumento (el antropocéntrico y el no antropocéntrico) va acompañado de un cierto número de justificaciones y explicaciones, Rolston se inclina por el argumento no antropocéntrico y lo desarrolla de manera minuciosa. Si partimos de la idea de que deben respetarse las formas no humanas de la vida, ¿hay que extender este respeto a cualquier organismo vivo, o sólo a los seres sensibles? ¿Importa más la planta o el animal considerados individualmente o la especie o el ecosistema en general? ¿No debería una perspectiva verdaderamente holística tener en cuenta todas las formas de vida, considerando la integridad del propio planeta? Rolston examina e integra estas diferentes posiciones, recalcando que todas ellas tienen algo de verdadero y, por consiguiente, no hay que verlas como un dogma, sino que deben ser ubicadas en el contexto de las razones que las justifican sin dejar de lado las otras posiciones. Al dar una justificación racional a estos valores, Rolston sugiere el modo en que pueden abordarse los inevitables conflictos de éstos y de los principios que se pueden plantear en la práctica. Por último, el autor afirma que la preservación del planeta, en particular la elaboración de una verdadera ética de la Tierra, debe ser un objetivo de las Naciones Unidas, como lo es la preservación de la paz.

La ética ambiental tiene que ver con el modo en que los seres humanos abordan los problemas del medio ambiente. Éste es el principio en que se basa el artículo de Robin Attfield, "La ética ambiental y la sostenibilidad global". Attfield destaca tres consecuencias teóricas de esta premisa. En primer lugar, las generaciones futuras (de especies tanto humanas como no humanas, ya que Attfield adopta claramente un punto de vista no antropocéntrico) deben ser temas importantes de la ética. En segundo lugar, este autor considera que es necesario aclarar y determinar el concepto de "sostenibilidad" (Attfield distingue diferentes acepciones del término, desde la preservación utilitaria de la naturaleza hasta la "sostenibilidad fuerte", según la cual deben conservarse todas las partes constitutivas de la naturaleza). En tercer lugar, Attfield sostiene que el principio de precaución no sólo es un elemento necesario de la ética ambiental, sino que puede aplicarse objetivamente. Esta última afirmación es importante, considerando que recientemente (marzo de 2005) la COMEST publicó un informe sobre el principio de precaución en el que se proponía una definición clara de éste y se examinaban sus posibles aplicaciones a la ética de la ciencia y la tecnología. Este informe tenía por objeto ofrecer una plataforma ética a partir de la cual elaborar prácticas eficaces para una mejor gestión de los riesgos y asegurar que se facilite información precisa al público y a los encargados de las políticas ambientales.

A continuación, Emmanuel Agius elabora los conceptos de "sostenibilidad" y "generaciones futuras". Con base en el análisis de los textos internacionales relativos a las políticas ambientales, en su estudio "La ética ambiental: hacia una perspectiva intergeneracional", Agius demuestra la existencia de cierto número de principios éticos que conforman la concepción política actual del desarrollo sostenible. El autor destaca, en particular, la creciente preocupación por las generaciones futuras. El logro de muchos proyectos ambientales, afirma Agius, dependerá en gran medida del esfuerzo para educar a las jóvenes generaciones. La preocupación por las generaciones futuras da pie al fortalecimiento y la transformación del concepto de justicia, y es significativo que uno de los quince principios de la Declaración Universal sobre Bioética y Derechos Humanos, aprobada unánimemente por los Estados Miembros de la UNESCO en octubre de 2005, sea la "protección de las generaciones futuras". Agius propone crear una institución especializada, que él llama "guardián", para defender los intereses de estas generaciones.

Otras disciplinas científicas ajenas a la ética ambiental proporcionan orientaciones normativas para la acción humana con respecto al entorno.

El enfoque antropocéntrico, particularmente cuando sus defensores esgrimen argumentos utilitarios, destaca la función de la economía como importante fuerza normativa. Alan Holland debate los límites de este enfoque mediante preguntas como: "¿cuál es la naturaleza exacta de los intereses de los seres humanos?", y "¿cómo establecer un equilibrio entre necesidades e intereses conflictivos?". Holland examina también las discrepancias disciplinarias entre la ética y la economía. Las dificultades del enfoque antropocéntrico, y en particular, de la importancia que éste atribuye al papel de la economía, afirma Holland, son tanto internas como externas. Refiriéndose a lo que él llama "la respuesta del ético", Holland estudia la manera en que los filósofos podrían salir ganando en ambos terrenos sobre la base de las "relaciones significativas".

La ética ambiental guarda una estrecha relación con las ciencias ambientales o ecológicas. Las relaciones y las diferencias entre la ética y la ciencia son el tema del trabajo de Mark Sagoff, "La ética ambiental y la ciencia del medio ambiente". Sagoff reconoce que la ciencia y la ética son conceptos fundamentalmente distintos y que los principios éticos no pueden basarse en las ciencias ecológicas, pero señala que la ética no puede ignorar hechos ni sostener "pseudohechos" que carecen de todo fundamento científico. En la categoría de pseudohechos Sagoff incluye, por ejemplo, la referencia de Rolston a la "Gran Cadena del Ser" (o interdependencia de todas las formas de vida), la noción de especies exóticas y la idea de que, si no se la perturba, la naturaleza puede alcanzar por sí sola un equilibrio estable y moralmente bueno. Estas ilusiones, recalca el autor, no deben servir de base para las políticas ni para la ética ambientales. Sagoff alega que el punto de vista moral es diferente del científico porque la ética se ocupa de lo que debe ser (no de lo que es) y de lo que es deseable (no de lo que es posible). En resumen, la ética como valor no depende de los hechos ni de los datos empíricos.

La relación entre la ética ambiental y las políticas es el tema principal del trabajo de Teresa Kwiatkowska, "¡Que permanezca la Tierra! Hacia una vía práctica para la ética ambiental". Kwiatkowska centra su estudio en las condiciones que deben reunirse para que la ética ambiental sea efectiva y pueda mejorar la situación ecológica. Las decisiones éticas, afirma la autora, son difíciles de tomar y de aplicar. La conducta ética no es resultado únicamente de la coherencia de las teorías y Kwiatkowska examina, en particular, las condiciones culturales y sociales que deben darse para facilitar esta conducta. Al igual que Agius, Kwiatkowska hace hincapié en la importancia de la educación como vínculo entre las políticas públicas y el comportamiento individual y, como Sagoff, recalca la importancia del conocimiento científico de la naturaleza y de sus límites. La autora destaca, además, la necesidad de hacer frente a las contradicciones que puedan producirse entre las exigencias de la ética ambiental y los intereses de las personas afectadas.

En el trabajo final del libro, titulado "La situación actual de la ética ambiental como empresa práctica: una revisión de los documentos de Johannesburgo", Johan Hattingh, miembro de la COMEST, comparte la distinción, establecida por Kwiatkowska, entre las tareas prácticas y las teóricas de la ética ambiental, y se refiere a esta última como una práctica. Partiendo de los documentos de la Cumbre Mundial sobre el Desarrollo Sostenible, de 2002, Hattingh señala los principios de la ética ambiental en los que se basa la actual política ambiental internacional. En su estudio, el autor afirma que el modelo dominante de desarrollo sostenible es un objetivo explícito del análisis moral, y demuestra que este modelo no es óptimo para garantizar una mejor preservación del ambiente ni para alcanzar los objetivos previstos por la comunidad internacional. Al igual que Attfield, Hattingh recalca la importancia de redefinir la sostenibilidad para fortalecer las políticas ambientales.

Ética y políticas

La mayoría de los autores recomiendan políticas y acciones internacionales y, basándose en su experiencia como expertos en ética ambiental, indican no sólo las esferas en que deben concentrarse las actividades futuras, sino las actuales discrepancias entre la ética, la ciencia y las políticas internacionales. Uno de los conceptos clave de la ética ambiental es el "valor intrínseco", es decir, la idea de que los animales, las plantas, las especies, los ecosistemas y la naturaleza misma tienen un valor propio, independientemente de su utilidad para los seres humanos. Una de las principales controversias teóricas de la ética ambiental tiene que ver precisamente con esta noción: todos estamos de acuerdo en que tenemos que valorar a la naturaleza, pero sólo hace falta preguntarnos "¿por qué?". ¿Nosotros, como seres humanos (los únicos capaces de poseer valores), tenemos una responsabilidad especial hacia la naturaleza? ¿O bien la naturaleza tiene un valor propio, independiente de los valores de los seres humanos? Una importante conclusión, que se desprende de los estudios publicados en el presente libro, es que es posible llegar a un consenso práctico acerca de la validez política de este concepto de valor intrínseco, aunque no exista un consenso teórico o filosófico. Algunos filósofos sostienen que sólo los seres humanos poseen un valor moral, mientras que otros creen que la teoría de la intendencia, la cual vislumbra la naturaleza como un medio o instrumento dado a los seres humanos para su satisfacción, es obsoleta (véase, por ejemplo, Attfield o Rolston). Todo valor atribuible a agentes no humanos se deriva simplemente del valor que poseen los seres humanos; por consiguiente, la naturaleza y las entidades naturales no tienen un valor intrínseco sino extrínseco. Desde una perspectiva utilitaria, la naturaleza y las entidades naturales son valiosas porque son útiles para los seres humanos, pero también pueden serlo desde un punto de vista no utilitario: éstas no son valiosas en sí mismas, sino que pueden representar un valor, como por ejemplo la belleza para los seres humanos. Por ejemplo, ¿deben protegerse las flores por una correcta función en el ecosistema, lo cual contribuye a nuestro bienestar?; ¿o por su utilización en las industrias química y farmacéutica?; ¿o bien porque su contemplación nos causa placer y nos inspira ideas poéticas, que a su vez mejoran nuestras vidas? Incluso podría ser porque no sabemos exactamente cuáles serán las consecuencias de su extinción. Todas estas posibilidades tienen que ver con el valor de las flores para los intereses, la utilidad y el bienestar de los seres humanos.

Según la teoría antropocéntrica de la intendencia, quienes afirman que las entidades de la naturaleza tienen un valor propio e incluso derechos, cometen el error del antropomorfismo, es decir, proyectan su humanidad en un objeto (un animal, por ejemplo) que no posee un valor moral en sí mismo. Los detractores de esta posición vinculan el antropocentrismo con la visión cartesiana de la naturaleza como un complicado mecanismo en el cual los animales deben ser tratados como máquinas porque no tienen alma ni voluntad propia y porque, en último término, un conocimiento en profundidad de la mecánica debería bastar para explicar su comportamiento. Como observan Hattingh y Kwiatkowska, esta postura antropocéntrica prevalece implícitamente en la mayoría de los textos internacionales sobre el desarrollo sostenible. Los Objetivos de Desarrollo del Milenio y los documentos de Johannesburgo hablan solamente de la protección del medio ambiente como una forma de combatir la pobreza, a pesar de la referencia al "valor intrínseco" que figura en el Preámbulo del Convenio sobre la Diversidad Biológica (1992). El argumento expuesto por Rolston o Holland, según el cual las entidades de la naturaleza poseen un valor intrínseco y deben considerarse desde un punto de vista primordialmente moral, no se ha incorporado a las políticas.

No obstante, como observa Hattingh, parece que en la práctica este enfoque antropocéntrico no cambia mucho las cosas. Si sólo valoramos la naturaleza por su utilidad o por el beneficio que aporta a los seres humanos, la motivación moral de la preservación de la biodiversidad y la protección de los recursos hídricos será insuficiente. En teoría, el antropocentrismo debería motivar la preocupación del ser humano por su bienestar, lo cual facilitaría la adopción de una política correcta de conservación ambiental. Sin embargo esto no se ha llevado a cabo en la práctica. Como explica Holland, la aplicación del enfoque antropocéntrico en la elaboración de políticas ambientales requiere por lo menos dos aclaraciones. En primer lugar, hay que determinar, desde el punto de vista ético, cuáles son exactamente los intereses que deben considerarse y de quién son estos intereses, y además hay que plantear la pregunta: ¿cómo se evalúa la utilidad y cómo deben compararse las diferentes utilidades? En segundo lugar, es necesario un dictamen científico porque, como recalcan Sagoff y Kwiatkowska, no hay ninguna certidumbre a este respecto sobre las consecuencias reales de las acciones humanas en el medio ambiente, en su capacidad de resistencia y sobre lo que constituye una tasa sostenible de destrucción, por ejemplo, de los bosques y las especies. Podría afirmarse que, dada esta incertidumbre científica y tomando en cuenta el valor intrínseco de los bienes naturales, la protección de éstos es una aplicación acertada del principio de precaución. La debilidad del planteamiento antropocéntrico en relación con las políticas ambientales es una de las principales razones de que, desde el punto de vista práctico, la noción de "valor intrínseco" –aunque teóricamente se preste a controversia– pueda proporcionar un incentivo moral más fuerte para aplicar algunas políticas ambientales. Gracias a esto, los ocho trabajos que figuran en este libro, independientemente de sus posturas filosóficas, han coincidido en que la proclamación de cierta clase de valores intrínsecos como principio de políticas ambientales sería una propuesta positiva.

Con todo, la proclamación del "valor intrínseco" como principio ético de las políticas internacionales sigue siendo problemática por varios motivos. En primer lugar, este principio está relacionado con ciertas teorías éticas que no suscitan un consenso universal. En segundo lugar, se trata de un término vago y técnico: la experiencia del Convenio sobre la Diversidad Biológica hace pensar que la proclamación del "valor intrínseco de la diversidad biológica" no sería algo particularmente efectivo; además, la noción de valor intrínseco está relacionada con el controvertido postulado de que todos los seres vivos tienen el mismo derecho a la vida. Para evitar estos problemas, Attfield propone utilizar la terminología de la Carta de la Tierra (Principio 1.a: "Reconocer que todos los seres son interdependientes y que todas las formas de vida, independientemente de su utilidad, tienen valor para los seres humanos"). Pero, como alega Sagoff, la interdependencia de todos los seres no tiene ningún fundamento científico ni filosófico y, por ello, difícilmente se podría llegar a un acuerdo internacional al respecto.

Por estos motivos, en la reunión celebrada en Nueva Orleans en 2004, los investigadores que han colaborado en la presente obra adoptaron un concepto menos conflictivo de la noción de valor intrínseco: "Deben respetarse todas las formas de vida independientemente de su utilidad para los seres humanos". Esta nueva formulación es conveniente, pues se aparta de lo indicado anteriormente como uno de los principales motivos por los que las políticas ambientales son inadecuadas en la práctica al dar mayor prioridad a la utilidad a favor de los seres humanos. Otra ventaja es que el término "respeto" evita el debate sobre los derechos: respetar una forma de vida no quiere decir que tenga derecho a vivir, ni que todos los seres vivos tengan el mismo derecho a la vida. La fórmula propuesta no implica que el valor de una forma de vida sea independiente de toda referencia a los seres humanos, sino sólo que la forma de vida tiene cierto valor, independientemente de la utilidad que ésta tenga para los seres humanos. No obstante, quizá deban explicarse con mayor detalle las consecuencias de este principio del respeto a la vida, ya que podrían no estar suficientemente claras en la formulación actual.

Esperamos que los lectores reflexionen sobre estas cuestiones a medida que vayan leyendo los diferentes trabajos de este libro y las recomendaciones de los autores. En vista de la urgencia y de la importancia de los problemas ambientales, es indispensable que analicemos, mejoremos y potenciemos nuestros argumentos morales si queremos llegar a un acuerdo sobre los principios éticos que puedan servir de base para una política ambiental internacional. Si la ética ambiental es importante, ello se debe a que puede proporcionar fuertes incentivos morales que confieran mayor eficacia a las políticas ambientales. Para más información sobre las actividades de la UNESCO en este aspecto y en el campo de la ética de la ciencia y la tecnología en general, véase nuestro sitio web: www.unesco.org/shs/ethics.

HACIA UNA ÉTICA AMBIENTAL GLOBAL IGUALITARIA

Tongjin Yang

A. LAS CUESTIONES CENTRALES DE LA ÉTICA AMBIENTAL

El contexto de la ética ambiental

El equilibrio en la relación de los seres humanos con la naturaleza es una de las cuestiones fundamentales que debemos plantear y abordar hoy en día. Con el creciente deterioro de los sistemas ecológicos de los que dependen los seres humanos y el empeoramiento de la crisis ambiental, los humanos se han percatado de que no pueden recurrir exclusivamente a métodos económicos y judiciales para resolver problemas como la contaminación del medio ambiente y los desequilibrios ecológicos, sino que también hay que contar con los ilimitados recursos éticos del hombre. Sólo cuando seamos justos con la naturaleza y hayamos establecido una nueva relación ética entre ésta y los seres humanos, podremos amarla y respetarla de un modo espontáneo pero también consciente. Sólo inspirándonos en este amor y respeto podremos hacer frente exitosamente a los problemas de la contaminación del ambiente y los desequilibrios ecológicos.

¿Qué es la ética ambiental?

La ética ambiental es una nueva subdisciplina de la filosofía que trata los problemas éticos planteados en relación con la protección del medio ambiente. Su objetivo estriba en brindar una justificación ética y una motivación moral a la causa de proteger el medio ambiente global.

Varios rasgos distintivos de la ética ambiental merecen nuestra atención. En primer lugar, la ética ambiental es un concepto amplio:

mientras que la ética tradicional se ocupa principalmente de los deberes mutuos entre los seres humanos, especialmente entre contemporáneos, la ética ambiental se extiende más allá de la comunidad y la nación, pues atañe no sólo a todas las personas en todos los lugares, sino también a los animales y a la naturaleza –la biosfera– tanto ahora como en el futuro inmediato, incluyendo así a las generaciones venideras.

En segundo lugar, la ética ambiental es interdisciplinaria: existen muchas coincidencias entre las preocupaciones y las áreas de consenso de la ética, de la política, de la economía, de las ciencias y de los estudios sobre el medio ambiente. Las perspectivas y metodologías propias de estas disciplinas constituyen una importante inspiración para la ética ambiental, y ésta, a su vez, ofrece fundamentos axiológicos para esas disciplinas. De esta manera, ambas partes se fortalecen, se influyen y se apoyan mutuamente.

En tercer lugar, la ética ambiental es plural: desde el momento mismo en que fue concebida, ha sido una disciplina en la que compiten entre sí diferentes ideas y perspectivas. Tanto el antropocentrismo como la teoría de la liberación y los derechos de los animales, el biocentrismo como el ecocentrismo, proporcionan justificaciones éticas singulares y, en cierto modo, razonables para la protección del medio ambiente. Sus enfoques son diferentes, pero sus objetivos suelen ser los mismos y ambos han llegado a este consenso: todos tenemos la obligación de proteger al medio ambiente. Las ideas básicas de la ética ambiental se sustentan y están contenidas en diversas tradiciones culturales de fuerte arraigo; el pluralismo de las teorías y perspectivas multiculturales es esencial para que la ética ambiental conserve su vitalidad.

En cuarto lugar, la ética ambiental es global. La crisis ecológica es un problema planetario: la contaminación del entorno no respeta fronteras nacionales y ningún país puede abordar por sí sólo este problema. Para hacer frente a la crisis ambiental global los seres humanos deben llegar a un consenso de valor y cooperar entre sí a nivel personal, nacional, regional, multinacional y mundial. La protección global del ambiente requiere una administración global y, por consiguiente, la ética ambiental será por esencia una ética global con una perspectiva global.

En quinto lugar, la ética ambiental es revolucionaria. En el plano de las ideas, ésta impugna el antropocentrismo dominante y profundamente enraizado de la ética general moderna y hace extensivas nuestras obligaciones a las generaciones futuras y a seres no humanos.

A nivel práctico, la ética ambiental hace una crítica vigorosa del materialismo, del hedonismo y del consumismo que caracterizan al capitalismo moderno, y reclama, en cambio, un estilo de vida "verde", en armonía con la naturaleza. La ética ambiental intenta encontrar un sistema económico que contemple los límites de la Tierra y las exigencias de la calidad de la vida. En el terreno político, propugna un orden económico y político internacional más equitativo, basado en los principios de la democracia, la justicia global y los derechos humanos universales. Es favorable al pacifismo y contraria a la carrera armamentista.

En resumidas cuentas, como representación teórica de una idea moral y una orientación de valor de reciente aparición, la ética ambiental constituye la extensión máxima de la ética humana; nos exige que reflexionemos y actuemos tanto a nivel local como mundial. Exige una conciencia moral nueva y más profunda.

La construcción moderna de la ética ambiental

En los años sesenta y setenta se produjo una crisis ecológica causada por la civilización industrial. Esta crisis tenía causas múltiples: contaminación ambiental (contaminación del aire, del agua y del suelo causada por productos químicos tóxicos y por deshechos sólidos), escasez de recursos (energía, tierras cultivadas, minerales y agua potable) y desequilibrios ecológicos (la rápida disminución de la superficie forestal y de la biodiversidad, el acelerado crecimiento de la población y la desertificación de las tierras en todo el mundo).

En aquella época, las sombrías perspectivas de esta situación causaban gran inquietud. La obra *Silent Spring* de Rachel Carson (1962) reveló la naturaleza letal de los plaguicidas químicos y puso en duda el concepto predominante de la conquista de la naturaleza. El libro de Paul Ehrlich *The Population Bomb* (1968) puso de manifiesto las presiones de la explosión demográfica sobre la naturaleza. La serie de informes documentados por el Club de Roma, en particular el primero, *Limits to Growth (Los límites del crecimiento)* (Meadows *et al.*, 1972) hicieron sonar la alarma contra el mito del crecimiento ilimitado. En 1971 se celebró el primer Día de la Tierra, y más de dos millones de ciudadanos en los Estados Unidos se manifestaron contra la contaminación y en defensa de la tierra. En este mismo año, Greenpeace lanzó su campaña contra las armas nucleares y se proclamó a favor del medio ambiente. La primera Conferencia de las Naciones Unidas sobre el Medio Ambiente se celebró en Estocolmo en 1972, simbolizando el despertar universal de la conciencia ambiental en todo el mundo. En los años siguientes, la promulgación de leyes nacionales e internacionales para la protección del medio ambiente se aceleró espectacularmente.

Estos acontecimientos abrieron el camino hacia la ética ambiental.

En 1973 se publicaron tres documentos primordiales sobre la ética ambiental. El trabajo del filósofo australiano Richard Routley, "Is there a need for a new, an environmental ethic?" ("¿Es necesaria una nueva ética, una ética ambiental?"), supuso el inicio del proyecto moderno de construcción de ésta. La obra de Peter Singer "Animal liberation" ("Liberación animal") abrió un nuevo capítulo en la ética animal y el movimiento en favor de los derechos de los animales. Y el artículo del ecólogo noruego Arne Naess, "The shallow and the deep, long-range ecology movement" ("El movimiento ecológico superficial y el movimiento ecológico profundo de vasto alcance") amplió las fronteras de este campo. El trabajo "Is there an ecological ethic?" ("¿Existe una ética ecológica?") del filósofo estadounidense Holmes Rolston, publicado en la importante revista académica *Ethics* en 1975, hizo época y, con la aparición de la revista académica *Environmental Ethics* en 1979, la ética ambiental se estableció oficialmente como subdisciplina de la filosofía.

En respuesta a los retos de la ética ambiental no antropocéntrica, muchos filósofos trataron de redefinir y reelaborar las implicaciones de la ética tradicional en la protección del medio ambiente. En su trabajo *Man's Responsibility for Nature (La responsabilidad del hombre hacia la naturaleza)* (1974), el filósofo australiano John Passmore reafirmó el valor de la moral tradicional occidental. El estudio de Bryan Norton "Environmental ethics and weak anthropocentrism" ("Ética ambiental y antropocentrismo débil") (1984) puso de manifiesto la diferencia existente entre una preferencia sensorial y una preferencia razonada. La obra de Mark Sagoff *The Economy of the Earth* (*Economía de la Tierra)* (1988) destacó el valor no económico de la naturaleza. El trabajo de Eugene Hargrove *The Foundations of Environmental Ethics (Fundamentos de la ética ambiental)* (1989) estableció el valor estético de la naturaleza como principal fundamento de la protección del medio ambiente. Todos estos trabajos profundizaron en el estudio de la ética ambiental.

A comienzos de los años ochenta los problemas ambientales de la mayoría de los países desarrollados se habían resuelto con éxito; sin embargo, la contaminación ambiental y la crisis ecológica se expandían a gran velocidad por todo el mundo. El estado del medio ambiente en los países en desarrollo ha ido de mal en peor, y la amenaza de la escasez de recursos y los deshechos nucleares se cierne sobre el mundo. La explosión demográfica pone en peligro la capacidad de sustento de la tierra. La rápida desaparición de especies y bosques hace peligrar la vida, tanto humana como no humana. El agujero de ozono y el calentamiento global están adquiriendo proporciones de pesadilla.

Ante esta preocupante situación, los grupos internacionales han emprendido una serie de campañas para la protección del medio ambiente. Como resultado de esta nueva actitud cabe mencionar los informes *Estrategia mundial de la conservación* (UICN, 1980), *Nuestro futuro común* (CMMAD, 1987), *Cuidar la Tierra* (UICN *et al.*, 1991) y la Conferencia de Rio de Janeiro de 1992, "Cumbre para la Tierra", así como el plan de acción resultante, el *Programa 21* (Naciones Unidas, 1994). Hoy día, las Naciones Unidas consagran más energía a las cuestiones ambientales globales. Organizaciones no gubernamentales de todo el mundo, dedicadas a cuestiones ambientales, intervienen cada vez más en su protección. Se han promulgado leyes a nivel nacional, regional e internacional, y la mayoría de los países han adoptado una política de desarrollo sostenible. De esta forma, la protección del medio ambiente se ha convertido en una causa común de la humanidad.

Para mantenerse a la par del movimiento mundial de protección del medio ambiente y participar más efectivamente en el mismo, desde comienzos de los años noventa muchos especialistas en ética ambiental han perfeccionado y ampliado visiblemente su actividad y ya se observan algunas tendencias nuevas.

Primero, ahora más que nunca los especialistas en ética ambiental concentran su actividad en la aplicación práctica de la ética ambiental a la elaboración de políticas. Estos especialistas se declaran dispuestos a participar activamente en la solución de los problemas del medio ambiente y a incorporar firmemente la ética ambiental en el diálogo sobre cuestiones ambientales que tiene lugar en todo el mundo, y no solamente en los círculos académicos. Así pues, estos filósofos están tratando de hacer una ética ambiental más práctica y mejor orientada a políticas cuyo objetivo sea la solución de problemas. Su actividad se centra en ayudar a la comunidad medioambiental a encontrar argumentos éticos más sólidos en favor de las políticas de protección ambiental.

Segundo, especialistas en la ética ambiental de diferentes escuelas de pensamiento, a la vez que estructuran sus teorías, procuran comunicarse entre sí de un modo más efectivo y así integrar sus actividades. Casi todos los libros de texto y antologías sobre ética ambiental publicados desde los años noventa muestran una actitud integradora y plural, y tratan de asimilar las enseñanzas derivadas de otras disciplinas y postulados.

Tercero, muchos investigadores procuran enfocar su especialidad desde nuevas perspectivas y encontrar otros medios para desarrollarla. Ramas de pensamiento como el postmodernismo, el feminismo, el pragmatismo, la fenomenología y la ética de la virtud son las teorías que parecen más prometedoras.

Cuarto, se ha hecho un esfuerzo considerable para reconocer y comprender la posible aportación de las diferentes tradiciones culturales (como el cristianismo, el islam, el budismo, el confucionismo y el taoísmo) a la ética ambiental. En otras palabras, se está construyendo una ética ambiental con una perspectiva global y multicultural.

Quinto, la justicia ambiental se está convirtiendo en uno de los principales temas de la ética ambiental. Los problemas de la justicia ambiental pasaron a un primer plano a finales de los años ochenta, cuando algunos investigadores demostraron que en los Estados Unidos eran siempre personas de color las que vivían cerca de los depósitos de basuras e incineradores de deshechos. Otros estudios determinaron que los grupos racial y económicamente desfavorecidos solían sufrir de modo desproporcionado las consecuencias de la degradación del medio ambiente, y que esta desproporción se observaba por igual en el interior de los países y entre ellos. Los países desarrollados transfieren de modo creciente las industrias más contaminantes y transportan miles de millones de toneladas de deshechos tóxicos a los países en desarrollo. El imperialismo ambiental y el imperialismo tóxico se han convertido en la preocupación primordial de muchos especialistas en la ética ambiental, especialmente en los países en desarrollo.

Un discurso diversificado

La ética ambiental es un discurso diversificado que en la sociedad moderna comprende cuatro escuelas de pensamiento: antropocentrismo ilustrado (o débil); teoría de la liberación y derechos de los animales; biocentrismo, y ecocentrismo (que incluye la ética de la tierra, la ecología profunda y la teoría del valor de la naturaleza). La diversidad conlleva discrepancias y diferencias.

Diferentes concepciones de la ética ambiental

Las cuatro escuelas de la ética ambiental difieren ante todo sobre el alcance de los deberes mutuos de los seres humanos.

Desde un punto de vista antropocéntrico, los humanos sólo tienen deberes morales con sus semejantes: todo compromiso que éstos tengan hacia otras especies o entidades, en realidad no es más que un deber indirecto con otras personas. La relación entre los seres humanos y la naturaleza no tiene connotaciones éticas. No obstante, el antropocentrismo moderno trata de redefinir el significado de los intereses humanos auténticos. Bryan Norton (1984) distingue entre la preferencia razonada y la preferencia sentida. Este autor afirma que toda teoría ética que no considere necesaria una limitación de las preferencias sentidas –esto es, que no todas las preferencias están moralmente justificadas– será defectuosa, y sólo una teoría ética ambiental que justifique y examine críticamente la preferencia razonada desde una perspectiva mundial razonable será aceptable. Tim Hayward (1998) condidera cuestionable que se concentre la atención en los intereses humanos con exclusión, o a expensas, de los intereses de otras especies. Muchos antropocentristas ilustrados reconocen incluso el valor intrínseco de la naturaleza.

La teoría de la liberación o de los derechos de los animales hace extensivo el deber a todos los animales, al menos a todos los animales sensibles. Todos estamos de acuerdo en que la crueldad hacia los animales es inmoral. Ello –afirman los teóricos de la liberación animal– no es debido a que la crueldad hacia los animales sea un paso previo a la crueldad hacia los seres humanos, sino a que los animales pueden sufrir. Estos teóricos afirman que el placer y el dolor que los animales experimentan son percepciones moralmente pertinentes, y que la sensibilidad es una condición necesaria y suficiente para que una criatura sea digna de consideración moral (Singer, 1975). Desde el punto de vista de la teoría de los derechos de los animales, el único modo correcto de tratar a los animales es considerándolos un fin en sí mismos, y nunca un simple medio, porque éstos, como nosotros, son titulares de derechos que se mantienen por encima de los intereses de otros. Los animales tienen derechos basados en sus intereses (teoría débil de los derechos de los animales; Warren, 1983) o en su condición de sujetos de vida (teoría fuerte de los derechos de los animales; Regan, 1983). En tanto que titulares de derechos, los animales merecen nuestro respeto.

El biocentrismo sostiene que todas las formas de vida son "pacientes morales", o sea entidades con las que debemos tener una consideración moral. Por consiguiente, tenemos un deber con todas las formas de la vida. Como escribió Albert Schweitzer (1923):

> La esencia de la bondad es mantener y valorar la vida, y la esencia del mal es destruirla y dañarla. Todos los seres vivos tienen la voluntad de vivir, y todos los seres vivos que tienen la voluntad de vivir son sagrados, están interrelacionados y son de igual valor. Por consiguiente, para nosotros es un imperativo ético respetar y ayudar a todas las formas de vida.

Paul Taylor afirma que todos los organismos son centros teleológicos de vida que buscan su bien por sus propios medios (Taylor, 1986). Taylor entiende que es el *telos* (palabra griega que significa "fin", "propósito" o "meta") lo que da a cada organismo individual su valor inherente, y que este valor lo poseen por igual todos los organismos vivos porque todos los seres vivos individuales tienen un *telos* y un bien propio, tan vital para ellos como el bien humano lo es para un ser humano. La igualdad del valor inherente de todos los seres vivos justifica que se les conceda una condición moral igual: por consiguiente, hemos de respetar a todos los organismos vivos. Robin Attfield llega a la misma conclusión a partir del consecuencialismo (Attfield, 1983). Este autor advierte que el hecho de que un organismo pueda florecer y ejercer sus capacidades básicas le confiere un valor intrínseco al que debemos conceder una consideración moral. La posición de Attfield es que un organismo capaz de prosperar y desarrollarse tiene interés en hacerlo y nosotros tenemos el deber de promover al máximo los intereses o las utilidades de todo organismo, independientemente de la especie a la que pertenezca (Attfield, 1983; *véase también la pág. 78*). En consecuencia, estamos obligados a preocuparnos del bienestar de todos los organismos vivos.

El ecocentrismo amplía dramáticamente la definición de “paciente moral” a toda la naturaleza. La ética de la tierra leopoldiana (nombre derivado del ecólogo y especialista forestal y ambiental estadounidense Aldo Leopold) trata de que el *homo sapiens* pase de ser el conquistador de la comunidad-tierra a un simple miembro y ciudadano de ésta, implicando así el respeto a los demás miembros de esta comunidad y a la propia comunidad. Leopold resume la ética de la tierra del modo siguiente: “Una cosa es correcta cuando tiende a conservar la integridad, la estabilidad y la belleza de la comunidad biótica; y es incorrecta cuando tiende a lo contrario” (1966, pág. 262).

La ecología profunda se basa en dos notables principios éticos. El principio del igualitarismo de la ecosfera afirma que todos los organismos y entidades de la ecosfera, como partes de un todo interrelacionado, son iguales en su valor intrínseco, y que todas las cosas que habitan en ésta tienen un derecho igual a vivir y florecer, y a alcanzar sus formas individuales de desarrollo y autorrealización. El principio de la autorrealización sostiene que, para una persona moralmente madura, el yo auténtico es el Yo que forma un todo con la naturaleza, no aquel que se mantiene aislado y que busca su satisfacción egoísta. El proceso de autorrealización consiste en extender la conciencia de nosotros mismos a la naturaleza e identificarnos con ella. Dañar a la naturaleza implica dañarnos a nosotros mismos y la defensa de la tierra es una autodefensa (Naess, 1989).

La teoría del valor de la naturaleza de Rolston deriva de nuestros *deberes con* la naturaleza, los cuales provienen del *valor de* ésta. Según esta teoría, la naturaleza es una especie de sujeto teleológico dotado de creatividad, inteligencia y capacidad axiológica. Bajo esta lógica, el valor es una propiedad inherente a la naturaleza evolutiva. Es así que el valor instrumental, el valor intrínseco y el valor sistémico existen objetivamente en la naturaleza y éstos nos imponen la obligación imperiosa de cuidar la tierra. El aspecto innovador de participación humana es que el altruismo puede coexistir con los diversos intereses humanos, sentimientos dirigidos no sólo a la propia especie, sino también a las otras especies. Por consiguiente, los seres humanos deben ser los vigilantes morales de la Tierra (Rolston, 1989).

Enfoques de la ética ambiental

Las diferentes escuelas de la ética ambiental utilizan distintas metodologías éticas: el antropocentrismo, por ejemplo, aplica directamente la ética occidental moderna, predominante en las cuestiones de ética ambiental. Estas normas éticas suelen justificarse en términos de utilitarismo y deontología.

Existen, desde luego, vínculos implícitos entre la ética occidental moderna y las teorías alejadas del antropocentrismo. Sin embargo, a nivel metaético, esta última teoría es una elaboración de algunas premisas básicas de la primera. La teoría de la liberación animal se basa en el utilitarismo, pero las utilidades consideradas consisten en los placeres de los animales y en su ausencia de sufrimiento. El biocentrismo consecuencialista de Robin Attfield se adhiere también a la metodología del consecuencialismo moderno (1983). La endeble teoría de los derechos de los animales trata de conjugar el utilitarismo y la deontología, y deduce los derechos de los animales de sus intereses, mientras que la teoría fuerte de los derechos de los animales de Tom Regan y el igualitarismo biocéntrico de Paul Taylor siguen la tradición deontológica kantiana. Mientras que la teoría fuerte hace extensivo a los animales el "reino de los fines" de Kant, el igualitarismo biocéntrico lo amplía aún más, incluyendo todas las formas de vida.

La ética de la tierra leopoldiana es una especie de comunitarismo que recalca los vínculos éticos entre la comunidad de la tierra y sus miembros, y su fundamento filosófico es la ética de los sentimientos de Hume. La autorrealización que propugna la ecología profunda parece cercana al neohegelianismo de Thomas H. Green y Francis H. Bradley. El rasgo distintivo de la ecología profunda es su transformación del "Yo social" del neohegelianismo en un "Yo ecológico". Esta rama de la ética ambiental se inspira también en la ética de Spinoza y en la ética budista y, bajo este parámetro, la teoría del valor de la naturaleza de Rolston toma la forma de una ética axiológica derivada de nuestros deberes con la naturaleza, los cuales, a su vez, provienen de la realidad ontológica del valor intrínseco de ésta.

Por último, el antropocentrismo, la teoría de la liberación y derechos de los animales y el biocentrismo atribuyen una mayor importancia al valor y al bienestar de la vida individual, por lo que éstas son teorías orientadas al individualismo, mientras que el ecocentrismo va dirigido a la integridad del ecosistema y al valor de las especies, y tiende a ser holístico.

Diferentes perspectivas de la ética ambiental

Desde una perspectiva cultural, el *antropocentrismo* tiene fuertes vínculos espirituales con la cultura occidental actual al atribuir prioridad al valor económico de la naturaleza. Por este motivo, es un movimiento conservador, ya que tiende a mantener (y en cierto modo a reformar) el orden político-económico mundial y a defender los valores predominantes de la civilización industrial moderna.

El *no antropocentrismo* se apoya en el contexto de las tradiciones culturales no occidentales (como el taoísmo, el budismo y las religiones nativas americanas), y en el de los valores marginados de la civilización moderna (como el romanticismo, el organicismo y el trascendentalismo). Este movimiento presta más atención a los valores no económicos de la naturaleza y critica e impugna el desigual sistema político-económico actual y los valores modernos predominantes (como el consumismo, el modernismo y el ambientalismo del mercado libre). Su propósito consiste en establecer una civilización verde postmoderna.

Mientras que casi todos los especialistas en la ética ambiental de los países desarrollados sitúan en el antropocentrismo el origen ideológico de la crisis ecológica moderna, sus homólogos, la mayoría provenientes de los países en desarrollo, denuncian al egoísmo (que incluye el imperialismo ambiental) como la fuente principal de los problemas modernos del medio ambiente (Guha, 1989).

El consenso sobre la ética ambiental

Aunque se ha suscitado un extenso debate sobre los fundamentos filosóficos de la ética ambiental, existe un considerable consenso entre los especialistas de esta disciplina a niveles normativos y prácticos (Yang, 2000).

Tres principios normativos de la ética ambiental

1) Los principios de la justicia ambiental

La justicia ambiental representa la reivindicación ética mínima de la ética ambiental y tiene dos dimensiones: la justicia ambiental distributiva atañe a la igualdad de la distribución de los beneficios y las cargas ambientales, mientras que la justicia ambiental participativa tiene que ver con las oportunidades de participar en el proceso de toma de decisiones. Mientras que la justicia ambiental doméstica es fácil de entender y aceptar, la institucionalización de la justicia ambiental global sigue representando un problema para la comunidad internacional. Los diecisiete principios de la justicia ambiental proclamados en la Primera Cumbre Nacional del Liderazgo de Gente de Raza Negra, de 1991, ofrecen un buen punto de partida para mejorar las estrategias de ética ambiental *(véanse el Apéndice, págs. 47-49)*.

2) El principio de la igualdad entre las generaciones

El principio de la igualdad entre las generaciones es una extensión del principio de la igualdad de derechos y constituye su núcleo central. Los derechos a la vida, la libertad y la felicidad son derechos humanos básicos que compartimos todos porque conciernen tanto a las generaciones futuras como a las presentes. Cada generación debe dejar a la siguiente una oportunidad de vivir una vida feliz. Así pues, el deber de toda generación es legar a sus descendientes, no sólo un sistema político-económico justo, sino también una tierra sana y capaz de generar recursos.

3) El principio del respeto a la naturaleza

Aunque la mayoría de los especialistas en esta cuestión se apoyan en tradiciones diversas, todos hacen hincapié en el deber de conservar y proteger la integridad del ecosistema y de su biodiversidad. Nadie pone en duda que la prosperidad de los seres humanos depende de la prosperidad de la naturaleza, pues éstos forman parte de la naturaleza y la economía humana es un subsistema de la economía de la naturaleza: la primera debe ajustarse a la segunda y observar sus leyes. La Tierra es nuestro hogar y está en crisis, por consiguiente, hemos de cumplir nuestro deber de cuidarla.

El consenso relativo a las cuestiones prácticas

La ética ambiental es un ejemplo típico de la ética práctica y los especialistas en este tema han llegado a un consenso más amplio respecto a las cuestiones prácticas que respecto a las cuestiones de la filosofía moral.

1) La crisis del medio ambiente es la patología de la civilización industrial moderna

La crisis ambiental no es simplemente una cuestión de tecnología. Este desequilibrio no se debe a que la tecnología proporcione recursos insuficientes para nuestro consumo, ni a nuestra incapacidad de inventar una tecnología más adelantada para degradar los deshechos tóxicos que causan los problemas del medio ambiente. En lo esencial, la crisis actual del ambiente tiene que ver con la civilización moderna y los valores que la sustentan. Nuestra crisis ecológica es el inevitable resultado de la insensibilidad de la economía moderna a la vulnerabilidad y los límites de la naturaleza, de la frenética lucha por el poder de la política moderna y de que el hombre moderno equipare su felicidad con la satisfacción material y acepte una visión mecánica y dualista de la naturaleza. Es la propia civilización industrial la que no es apta para este pequeño planeta y, por esta razón, debemos transformar gradualmente la civilización industrial en una civilización favorable al medio ambiente (una civilización postindustrial) reformando el sistema económico desigual, rectificando el orden político injusto, cambiando el actual estilo de vida basado en el consumo y replanteando una filosofía de la vida razonable basada en la responsabilidad moral hacia los otros y hacia la naturaleza.

2) La Tierra es la riqueza común

La Tierra nos pertenece a todos, por lo que ningún país ni grupo está autorizado a poner en peligro el equilibrio ecológico: los intereses comunes de los seres humanos tienen prioridad sobre cualquier interés particular de un Estado. Para proteger nuestra Tierra, los países en desarrollo deben mantener el equilibrio necesario entre el crecimiento económico y la protección del ambiente, y los países desarrollados tienen la obligación de reducir el consumo de energía y recursos. Necesitamos distribuir de forma más equitativa la riqueza global entre las naciones y establecer un orden internacional más justo y compatible con la protección del medio ambiente en todo el mundo. Los seres humanos tienen que aprender a vivir como una comunidad global en la Tierra.

3) La pobreza es una forma de contaminación

Aunque la opulencia excesiva ejerce una fuerte presión ecológica en la Tierra, la pobreza sigue siendo un factor fundamental del deterioro ambiental, especialmente a nivel de nación-Estado. Con frecuencia, los países pobres emprenden un proceso de crecimiento económico que perjudica a su medio ambiente: estos países están obligados a exportar sus capitales naturales a bajo precio y en cantidades excesivas a cambio de divisas con las que pagar sus deudas, no pueden dotarse de tecnologías de protección del medio ambiente y carecen de los medios financieros necesarios para practicar la protección ambiental. Las personas con menores ingresos, y especialmente las que viven en las ciudades, están expuestas a los deshechos tóxicos y a peligrosos productos químicos, tienen que trabajar en condiciones de alta contaminación y son más vulnerables a las catástrofes ambientales.

Además, la profunda brecha que separa a los ricos de los pobres es incompatible con la moral humana. Así pues, es necesario incorporar la erradicación de la pobreza en el marco de la protección ambiental y del desarrollo económico. Debemos romper el círculo vicioso dc la pobreza y la destrucción del medio ambiente.

4) El militarismo es una de las principales amenazas a la vida en la Tierra

La guerra destruye vidas humanas, otros seres vivos y el medio ambiente. La guerra nuclear pondría fin a la vida en la Tierra, e incluso podría decirse que la destrucción masiva del medio ambiente causada por operaciones militares en todo el mundo es la más difícil de reparar. La industria militar es una de las más contaminantes debido a que la carrera armamentista no sólo desperdicia los limitados recursos de la Tierra, sino que fomenta la desconfianza entre naciones. Algunos países tienen presupuestos militares anuales de más de 40.000 millones de dólares, mientras que, para salvar las zonas tropicales donde vive el 70% de las especies no humanas, sólo harían falta 30.000 millones de dólares (Wilson, 2002). Hay que evitar las amenazas deliberadas a la seguridad por parte de cualquier nación dirigida por colectivos de empresas militares-industriales. El militarismo y el ambientalismo son mutuamente excluyentes. Todo ambientalista debe ser pacifista.

5) La justicia ambiental es una cuestión prioritaria de la ética ambiental

La justicia ambiental es la nueva frontera de la justicia. Contextos sociales injustos mantienen y refuerzan la injusticia ambiental, lo que da como resultado que los privilegiados gocen permanentemente de los beneficios del medio ambiente y que los desfavorecidos sufran de un modo desproporcionado sus efectos adversos. Todo el mundo tiene derecho a vivir en un medio ambiente óptimo, este aspecto es uno de los derechos humanos básicos, y cada uno de nosotros, además de cada Estado, tiene el deber de protegerlo. Hoy en día la injusticia ambiental internacional es especialmente preocupante. Los países desarrollados deben dejar de transferir industrias contaminantes a los países en desarrollo, no exportar deshechos peligrosos a estos países y cambiar el estilo de vida de su población, caracterizado por un alto nivel de consumo. Es urgente y necesario llegar a un consenso sobre la justicia ambiental a escala global.

6) La ética ambiental debe participar activamente en el proceso de toma de decisiones sobre el medio ambiente

La mayoría de las políticas tienen consecuencias ambientales y normativas, sin embargo, los responsables de estas políticas suelen ignorar los aspectos éticos de las mismas, ya sea por ignorancia, por incapacidad o por negligencia. Las políticas de prevención y control de la contaminación, de preservación y de restauración de zonas naturales se evalúan en términos económicos, políticos y éticos. Por consiguiente, la ética ambiental desempeña un importante papel en el proceso de toma de decisiones. Las dimensiones ético-ambientales de cualquier política deben explorarse sistemáticamente, hay que instar a los poderes políticos a que promulguen leyes de protección ambiental y es necesario alentar a la gente a participar en campañas de protección del medio ambiente.

Hacia una ética ambiental incluyente

Desde la perspectiva de la protección ambiental, las cuatro escuelas de pensamiento de la ética ambiental no son excluyentes entre sí, sino mutuamente complementarias. Estas escuelas desempeñan funciones distintas e insustituibles en la protección del medio ambiente, cada una de ellas con una intensidad y una orientación diferentes. Éstas son las expresiones teóricas de cuatro deberes morales del ser humano: el deber con los seres humanos, el deber con los animales, el deber con todas las formas de la vida y el deber con la naturaleza en general. Estas obligaciones pueden considerarse los cuatro horizontes o ideas morales: la antropocéntrica, la protectora de los animales, la biocéntrica y la ecocéntrica. La idea antropocéntrica es la base ética de la protección ambiental y pertenece a la categoría de los deberes que tenemos que asumir. Las otras tres ideas no antropocéntricas se sitúan en un nivel más alto de la ética de la protección del medio ambiente y pueden proporcionar una motivación adicional para el respeto de las leyes de protección ambiental. Éstas pertenecen a la categoría de los deberes que se espera que cumplamos.

Desde una perspectiva de futuro, la única ética ambiental que ofrece posibilidades es aquella que adopte y asuma totalmente estas cuatro ideas filosóficas. Es necesario mantener la intensidad y el equilibrio necesarios entre el antropocentrismo, la teoría de la liberación y derechos de los animales, el biocentrismo y el ecocentrismo, y prestar la debida atención a las enseñanzas positivas y las limitaciones de cada una de estas teorías.

B. ACCIÓN INTERNACIONAL

El impacto global de la crisis ambiental global establece la imperiosa necesidad de llevar a cabo una cooperación internacional para superar los problemas ambientales. Bajo una perspectiva global, las Naciones Unidas son esenciales para poner en marcha estas acciones internacionales.

Medidas para promover la investigación sobre ética ambiental

Celebrar una conferencia internacional

Aunque la ética ambiental lleva estructurándose casi treinta años como disciplina, su construcción ha sido irregular. En los países desarrollados es una rama filosófica relativamente madura y está incluida obligatoriamente en el programa de estudios de muchos alumnos universitarios graduados en disciplinas tales como la silvicultura, la agricultura o la gestión del medio ambiente. Sin embargo, en los países en desarrollo la ética ambiental es una actividad nueva y constituye un reto para la mayoría de las personas. Además, la institucionalización de la ética ambiental requiere mucho tiempo. Por otra parte, la ética ambiental desarrollada en Occidente predomina como discurso, mientras que los países en desarrollo tienen dificultades para hacer oír su voz. Por esta razón, es necesario organizar un foro internacional abierto en el que participen especialistas de diferentes países para comunicar e intercambiar ideas. Una conferencia internacional sobre la ética ambiental, con representantes diversos, patrocinada y organizada por la UNESCO, sería de máxima utilidad para el desarrollo y la propagación de esta rama de la ética.

Hacer una declaración internacional

Una vez concluida la conferencia internacional, podrían crearse varios grupos de expertos. Para presentar los resultados de su labor, estos grupos deberían preparar un cierto número de documentos como los siguientes:

1. una declaración general sobre la ética ambiental;
2. una declaración sobre la ética ambiental para la gestión del medio ambiente;
3. una declaración sobre la ética ambiental para la agricultura;
4. una declaración sobre la ética ambiental para la silvicultura;

5. una declaración sobre la ética ambiental para la ingeniería;
6. una declaración sobre la ética de la protección animal.

Establecer un comité de ética ambiental

Es necesario establecer un comité mundial sobre la ética ambiental en la UNESCO y, a su vez, que sus Estados Miembros creen comités nacionales de ética ambiental encargados de evaluar las principales políticas y proyectos que puedan tener consecuencias importantes para el medio ambiente y para la situación de su país desde la perspectiva de esta ética. En estos comités nacionales deberán participar especialistas, profesores, maestros, funcionarios, ciudadanos, poblaciones indígenas y representantes de ONG que se ocupen del medio ambiente. El comité nacional podría actuar como una ONG autónoma o como una dependencia del organismo nacional encargado de la protección del medio ambiente.

Preparar un informe sobre la ética ambiental

Cada cinco años debería prepararse un informe global sobre la ética ambiental bajo la dirección de la UNESCO. En este informe se evaluará el progreso global de la educación en ética ambiental y el estudio de esta disciplina en los cinco últimos años, proporcionando orientaciones para su enseñanza y su estudio durante los cinco años siguientes. El informe deberá publicarse en los seis idiomas oficiales de las Naciones Unidas.

Crear un premio de ética ambiental

Con objeto de alentar y recompensar a los que se dedican a la práctica, enseñanza y estudio de la ética ambiental, las Naciones Unidas deberían crear un premio de ética ambiental que podría concederse a diez personas cada tres años.

Educación

La superación de la crisis ambiental global depende, en última instancia, de un cambio en los valores, las actitudes y los comportamientos de la humanidad. La educación es esencial para la transformación estructural de la sociedad industrial. En este punto, la UNESCO desempeña un papel capital, pues su deber es alentar a los Estados Miembros, y en particular a los países en desarrollo, a promover la educación ecológica y a incorporar la ética ambiental en sus programas de estudio.

Preparar un programa de enseñanza de la ética ambiental

Con objeto de orientar y dirigir la educación en la ética ambiental, la UNESCO podría preparar un programa flexible de enseñanza de esta disciplina para alumnos de enseñanza superior, recomendar dos o tres libros de texto y alentar a los Estados Miembros a traducirlos a sus idiomas nacionales.

Cooperar con los servicios de educación de los Estados Miembros

Los funcionarios del sector de la educación deben reconocer la importancia de estos valores y promover la ética ambiental. Para fomentar la enseñanza de esta disciplina, la UNESCO debe establecer un mecanismo estable de diálogo e información destinado al sector educativo de sus Estados Miembros.

Formación de profesores en ética ambiental

Los profesores encargados de enseñar la ética ambiental tienen la responsabilidad de propagar las ideas de esta disciplina. Es sumamente importante que adquieran una comprensión y un conocimiento más profundos de las cuestiones ambientales para estar en mejores condiciones de enseñarla. Los que sean capaces de seguir con provecho clases de formación de nivel superior deberán comprometerse a impartir clases sobre ética ambiental en sus universidades bajo la supervisión de la UNESCO.

Medidas de creación de capacidad para los Estados Miembros

En todo el mundo, los países tienen capacidades desiguales para hacer frente a la crisis del medio ambiente. En comparación con los países desarrollados, la situación de los países en desarrollo es preocupante. La educación es el medio más importante para preparar a los países en desarrollo. Las medidas siguientes serían útiles a este respecto:

1. establecer un programa de educación ambiental (en particular enseñanza de la ética ambiental) en los países en desarrollo;
2. instar y ayudar a los medios de comunicación (tanto de los países en desarrollo como de los países desarrollados) a prestar más atención a las cuestiones ambientales;
3. organizar más programas internacionales de formación, como el programa LEAD (Leadership in Environment and Development – Liderazgo en el Medio Ambiente y el Desarrollo) de Londres.

4. ayudar a los países en desarrollo a encontrar medios más eficientes de utilizar su energía y sus recursos, y condonar parte de sus deudas;
5. incitar a los habitantes, tanto de los países desarrollados como de los países en desarrollo, a adoptar estilos de vida favorables para el medio ambiente. Para conseguir este objetivo deben aceptarse y practicarse en todo el mundo actividades como la ética del consumo basada en la reducción, la reutilización y el reciclado;
6. establecer un orden internacional más seguro a fin de que la mayoría de los países puedan dedicar menos fondos a los programas militares.

Algunas cuestiones complejas

La justicia ambiental internacional y el calentamiento global

El calentamiento global es el problema más grave que enfrenta la humanidad en el siglo XXI. Entre los medios eficaces de hacer frente a este problema figuran la reducción de las emisiones de gases de efecto invernadero, la rehabilitación de los bosques y la transformación estructural del sistema energético. La cuestión relativa al pago de multas por emisión de gases de efecto invernadero es una de las más discutidas en el ámbito de la ética ambiental, aunque el principio de "quien contamina paga" ha sido generalmente aceptado. Los principios utilitaristas de Peter Singer para ayudar a los demás (Singer, 1972) y los tres principios de equidad de Henry Shue (Shue, 1999) también han sido muy bien acogidos en todo el mundo. Sin embargo, existen discrepancias sobre el significado exacto y las consecuencias prácticas de esos principios y todavía no se ha establecido un marco general para una justicia ambiental internacional. Es necesario llegar a un cierto número de consensos básicos sobre esta rama de la justicia, ya que sólo por medio de estos acuerdos podrán dar resultado las negociaciones internacionales para la distribución de cuotas de emisión de gases de efecto invernadero.

La biodiversidad y el valor de la naturaleza

La rápida pérdida de biodiversidad pone en peligro los fundamentos mismos de la vida. Los seres humanos ya no pueden tolerar la extinción acelerada de las especies. La sociedad internacional debe tomar nuevas medidas para salvar las especies en peligro de extinción y preservar la biodiversidad. Dado que la mayoría de las especies en peligro viven en países en desarrollo y que esos países no tienen la capacidad necesaria para salvarlas, las Naciones Unidas deben exhortar a otros países a que cumplan con su responsabilidad de salvaguardar el patrimonio común de la humanidad, ofreciendo el apoyo necesario a esos países. La ética ambiental puede ayudar a entender de un modo más claro y completo los valores, tanto económicos como no económicos, de la biodiversidad. La UNESCO puede promover el consenso entre sus Estados Miembros acerca de los valores de la biodiversidad y la naturaleza, así como diseñar y emprender un Plan Marshall global para salvar y proteger la biodiversidad mundial.

La ética ambiental y el desarrollo sostenible

Aunque no hay acuerdo sobre el significado del término "desarrollo sostenible", la mayoría de los países lo han aceptado como una política básica. Hay tres necesidades consensuadas, comunes al desarrollo sostenible y la ética ambiental: la necesidad de una justicia ambiental en la generación presente (especialmente para disminuir la pobreza), la necesidad de tener en cuenta a las generaciones futuras y la necesidad de vivir en armonía con la naturaleza. Sólo cuando la sociedad humana esté en vías de alcanzar el desarrollo sostenible podremos hacer frente con éxito a los desafíos del calentamiento global, a la reducción de la biodiversidad y al hambre en el mundo. Las Naciones Unidas deben alentar a sus Estados Miembros a encontrar medios para promover el desarrollo sostenible que satisfagan sus necesidades especiales y los principios de la ética ambiental al mismo tiempo. El libro *Nuestro futuro común* (CMMAD, 1987) explora a fondo las consecuencias políticas, económicas y prácticas del desarrollo sostenible. La UNESCO debe proclamar inequívocamente el compromiso moral que exige el desarrollo sostenible y establecer un índice económico y social de éste.

Ecología y pacifismo

Los seres humanos deben evitar dedicar sus mayores recursos al estudio y a la fabricación de armas de destrucción masiva. La seguridad, en particular la seguridad ambiental, no se garantiza por una potencia militar hegemónica, sino por un orden internacional justo y pacífico. Si la guerra es una violación masiva del derecho humano a la vida y la causa de la destrucción masiva del medio ambiente, la preocupación primordial de la ética ambiental debe ser evitarla. Es necesario que los países democráticos apliquen sus principios políticos internos respecto a las relaciones con otros países y se sometan libremente a la autoridad de las Naciones Unidas. También se debe condenar y abandonar la norma prevaleciente en los tiempos coloniales basada en la fuerza. Las Naciones Unidas y sus Estados Miembros deben tratar de construir y reforzar un sistema internacional jurídico y judicial y arbitrar cualquier diferencia surgida entre sus Estados Miembros mediante este sistema a fin de evitar los conflictos armados. Sólo un orden internacional pacífico podrá promover la cooperación entre los países para hacer frente a la crisis ambiental global. Hay que reconocer la estrecha relación existente entre la protección del medio ambiente y la paz. Todos los países tienen la responsabilidad de dedicar más fondos a los programas ambientales y menos a los programas militares.

BIBLIOGRAFÍA

Attfield, R. 1983. *The Ethics of Environmental Concern*. Oxford, UK, Basil Blackwell.

Callicott, J. B. 1989. *In Defense of the Land Ethic: Essays in Environmental Philosophy*. Albany, NY, State University of New York Press.

Carson, R. 1962. *Silent Spring*. Boston, Mass., Houghton Mifflin.

CMMAD (Comisión Mundial sobre Medio Ambiente y Desarrollo). 1987. *Nuestro futuro común*. Segunda reimpresión. Madrid, España, Alianza Editorial.

Ehrlich, P. R. 1968. *The Population Bomb*. Cutchogue, NY, Buccaneer Books. (Reimpresión en 1997).

Guha, R. 1989. "Radical American Environmentalism and wildness preservation: a third world critique", en *Environmental Ethics*, vol. 11, pp. 71-83.

Hargrove, E. 1989. *The Foundations of Environmental Ethics*. Nueva Jersey, Prentice-Hall.

Hayward, T. 1998. *Political Theory and Ecological Values*. Cambridge, Reino Unido, Polity Press.

UICN. 1980. *Estrategia mundial de la conservación*. UICN. Gland, Suiza.

UICN, PNUMA y Fondo Mundial para la Naturaleza. 1991. *Caring for the Earth: A Strategy for Sustainable Living*. Gland, Suiza, UICN, PNUMA.

Leopold, A. 1966. *A Sand County Almanac: With Essays on Conservation from Round River*. Nueva York, Ballantine Books. (Primera edición, 1949: Nueva York, Oxford University Press).

Meadows, D. H.; Meadows, D. L.; Randers, J. y Behrens, W. W. III. 1972. *The limits to growth.* Nueva York, Potomac Associates. (Por encargo del Club de Roma).

Naess, A. 1973. The shallow and the deep, long-range ecology movement: a summary. *Inquiry*, vol. 16, pp. 95-99.

——. 1989. *Ecology, Community, and Lifestyle: Outline of an Ecosophy.* D. Rothenberg (traducción y edición). Cambridge, Reino Unido, Cambridge University Press.

Norton, B. 1984. "Environmental ethics and weak anthropocentrism", en *Environmental Ethics*, vol. 6, pp. 133-138.

ONU. 1994. *Agenda 21. Programme of Action for Sustainable Development.* Nueva York, Naciones Unidas.

Passmore, J. 1974. *Man's Responsibility for Nature.* Londres, Duckworth.

Pojman, L. P. 2000. *Global Environmental Ethics.* Mountain View, Calif., Mayfield Publishing Company.

Regan, T. 1983. *The Case for Animal Rights.* Berkeley, University of California Press.

Rolston, H. 1975. "Is there an ecological ethic?", en *Ethics*, vol. 85, pp. 93-109.

———. 1989. *Environmental Ethics: Duties to and Values in the Natural World.* Filadelfia, Pa., Prometheus Books.

Routley, R. 1973. Is there a need for a new, an environmental ethic? *Proceedings of the 15th World Congress of Philosophy, vol. 1.* Bulgaria, Sophia Press, pp. 205-210.

Sagoff, M. 1988. *The Economy of the Earth.* Cambridge, Reino Unido, Cambridge University Press.

Schweitzer, A. 1923. *Civilization and Ethics.* J. Naish (trad.). Londres, A & C Black.

Shue, H. 1999. "Global environment and international inequality", en *International Affairs*, vol. 75, n° 3.

Singer, P. 1972. "Famine, affluence and morality", en *Philosophy and Public Affairs*, vol. 1, n° 3.

———. 1973. "Animal liberation", en *New York Review of Books*, 5 de abril.

———. 1975. *Animal Liberation: A New Ethics for Our Treatment of Animals.* New York, Random House. (Reeditodo con un nuevo prefacio, Ecco, 2001).

Taylor, P. 1986. *Respect for Nature: A Theory of Environmental Ethics*. Princeton, Nueva Jersey, Princeton University Press.
Warren, M. A. 1983. "The rights of the nonhuman world.", en R. Elliot y A. Gare (eds), *Environmental Philosophy: A Collection of Readings*. St Lucia, Australia, University of Queensland Press.
Wilson, E. O. 2002. *The Future of Life*. Nueva York, Alfred A. Knopf.
Yang, T. 2000. *Toward a Deep Environmentalism: The Basic Ideas of Environmental Ethics*. Chengdu, Sichuan People´s Press.

APÉNDICE

Principios de la justicia ambiental

(Publicado en la Primera Cumbre Nacional de Liderazgo de Gente de Raza Negra, de 1991. Aprobada el 27 de octubre de 1991, Washington, D.C.)

"Por medio de la presente, nosotros, gente de color unida en esta Primera Cumbre Nacional de Liderazgo de Gente de Raza Negra para construir un movimiento nacional e internacional en contra de la destrucción y la enajenación de nuestras tierras y comunidades, restablecemos nuestra interdependencia espiritual en cuanto al carácter sagrado de nuestra Madre Tierra; esta reunión se lleva a cabo para respetar y celebrar cada una de nuestras culturas, lenguajes y creencias del mundo natural y del desempeño de nuestros papeles en la curación de nosotros mismos, para asegurar la justicia del medio ambiente, para promover alternativas económicas que contribuyan al desarrollo de medidas ambientalmente seguras y para asegurar nuestra liberación política, económica y cultural, la cual nos ha sido negada durante más de 500 años de colonización y opresión; el resultado de este proceso histórico ha sido el envenenamiento de nuestras comunidades y tierras y el genocidio de nuestro pueblo. Por estas razones, afirmamos y adoptamos estos Principios de Justicia Ambiental:

1. La justicia ambiental afirma lo sagrado de nuestra Tierra, la unidad ecológica, la interdependencia de todas las especies y el derecho de no sufrir la destrucción ecológica.
2. La justicia ambiental exige que la política pública esté basada en el respeto mutuo y la justicia para todos los pueblos, y que esté libre de cualquier forma de discriminación o prejuicio.

3. La justicia ambiental reclama el derecho a un uso ético, equilibrado y responsable de la tierra y sus recursos renovables a favor de un planeta sostenible para los humanos y otros seres vivos.
4. La justicia ambiental hace un llamado a la protección universal ante las pruebas nucleares, la extracción, producción y depósito de deshechos tóxicos y venenos peligrosos que amenazan el derecho fundamental a un aire, tierra, agua y alimentos limpios.
5. La justicia ambiental afirma el derecho fundamental a la autodeterminación política, económica, cultural y ambiental de todos los pueblos.
6. La justicia ambiental exige el cese de la producción de todas las toxinas, residuos peligrosos y materiales radioactivos, y que todos los productores pasados y presentes sean plenamente responsables ante el pueblo de la limpieza y almacenamiento de los desechos.
7. La justicia ambiental exige el derecho de participar como socios equitativos en todo nivel del proceso de toma de decisiones, incluida la determinación de las necesidades, la planificación, implementación, sanción y evaluación de éstas.
8. La justicia ambiental afirma el derecho de todos los trabajadores a laborar en un ambiente de trabajo saludable y seguro sin ser forzados a escoger entre una vida insalubre y el desempleo. También afirma el derecho de aquellos que trabajan en su casa a no estar expuestos a los peligros del medio ambiente.
9. La justicia ambiental protege el derecho de víctimas de la injusticia ambiental a recibir compensación completa, reparación por los daños sufridos y atención médica de calidad.
10. La justicia ambiental considera los actos gubernamentales de injusticia como una violación de la ley internacional, de la Declaración Universal de Derechos Humanos y de la Convención de las Naciones Unidas sobre el Genocidio.
11. La justicia ambiental debe reconocer una relación natural y legal especial del Pueblo Nativo con el Gobierno de los Estados Unidos mediante tratados, acuerdos, pactos y convenios afirmando la soberanía y la autodeterminación.
12. La justicia ambiental afirma la necesidad de políticas ecológicas urbanas y rurales para limpiar y reconstruir nuestras ciudades y áreas rurales en equilibrio con la naturaleza, respetando la integridad cultural de todas nuestras comunidades, y asegurando un acceso justo y universal a los recursos.

13. La justicia ambiental hace un llamado para la ejecución estricta del principio de consentimiento informado y para el cese de los experimentos reproductivos y médicos con gente de color.
14. La justicia ambiental se opone a las actividades destructivas de las grandes empresas multinacionales.
15. La justicia ambiental se opone a la ocupación militar, a la represión y a la explotación de tierras, de pueblos, de culturas y de otras formas de vida.
16. La justicia ambiental exige una educación de las generaciones presentes y futuras que refuerce las temáticas ambientales, basada en nuestra experiencia y en el aprecio a nuestras diversas culturas.
17. La justicia ambiental requiere que nosotros, como individuos y consumidores, tomemos decisiones personales para el menor consumo posible de los recursos de la Tierra y la menor producción de deshechos; además, es necesario reorganizar, de forma consciente, prioridades en nuestro estilo de vida para asegurar la salud del mundo natural en el presente y en el futuro."

VALORES INTRÍNSECOS DE LA TIERRA: LA NATURALEZA Y LAS NACIONES

Holmes Rolston, III

INTRODUCCIÓN

Los seres humanos somos definitivamente cada vez más responsables de la Tierra en su condición de planeta y de biosfera. Las poblaciones de las diversas naciones están y han de estar unidas en una sola Tierra, con una ética que abarque a los seres humanos y a la naturaleza. Sólo las personas poseen una ética, lo que no significa que sólo ellas tengan valor para la ética. Por el contrario, sólo si respetamos la vida en la Tierra en su inmensa biodiversidad, seremos plenamente humanos.

Gran parte de la urgencia por conservar la biodiversidad tiene su origen en nuestros deberes hacia los otros seres humanos, pues la naturaleza influye en lo que está en juego para los humanos en sus entornos. Estos intereses repercuten directamente en los intereses nacionales y hacen necesaria la cooperación internacional. No obstante, una ética ambiental más profunda reconoce los valores intrínsecos y los compromisos directos con la naturaleza.

Estos deberes se crean porque los valores están distribuidos entre los niveles de los animales, los organismos vivos, las especies en peligro de extinción y los ecosistemas como comunidades bióticas; incluso en la vida humana. Sostener la biosfera es más importante que sostener el desarrollo sostenible, y una cosa va unida a la otra. Esto exige la formulación de una ética de la Tierra, cuya misión es cada vez más importante para las Naciones Unidas.

LOS SERES HUMANOS Y EL PLANETA

Contemplando la Tierra desde el espacio, los astronautas ven un sólo mundo, pero no unas naciones unidas. Claro que no, dirán ustedes. Los astronautas ven la Tierra demasiado lejos y las naciones-estados, divididas o unidas, no aparecen en las fotografías de nuestro planeta. Volvamos a la tierra firme: las naciones afirman su soberanía y fijan sus fronteras nacionales, basándose, aunque raras veces, en características topográficas como los ríos o las montañas. En la tierra firme los pueblos habitan en sus regiones. Pero están irrevocablemente unidos en el uso común del aire, el agua, los océanos, el clima, los recursos naturales, los pájaros migratorios y la fauna silvestre. Esta interdependencia ineludible también puede dividirles. Hay una sola Tierra y en ella coexisten casi doscientas naciones soberanas. Sobrepuesto al planeta se encuentra el mundo, políticamente fragmentado, de la cultura humana. "La Tierra es una sola, pero el mundo no lo es" (CMMAD, 1987).

Vista desde el espacio, la Tierra nos recuerda que en sus naciones los pueblos tienen destinos interrelacionados, no sólo entre sí sino también con el planeta en el que vivimos. En su declaración de clausura de la Cumbre de la Tierra, el ex Secretario General de las Naciones Unidas, Boutros Boutros-Ghali, hizo la siguiente reclamación: "El espíritu de Río debe crear una nueva modalidad de conducta cívica. No basta con que el hombre ame a sus semejantes; también ha de aprender a amar su mundo" (1992a). "Ahora hemos de concertar un contrato ético y político con la naturaleza, con esta Tierra a la que debemos nuestra existencia misma y que nos ha dado la vida" (1992b).

Las imágenes de la Tierra desde el espacio nos han dado una visión emergente de nuestro planeta y del lugar de la vida humana en él. "Una vez que se disponga de una fotografía de la Tierra, tomada *desde fuera* (...) una nueva idea, tan poderosa como cualquier otra en la historia, se habrá puesto en marcha" (Fred Hoyle, astrónomo, citado en Kelley, 1988 contraportada). Esta idea es la de un mundo o ninguno, la unidad y comunidad del planeta que es nuestro hogar, nuestra responsabilidad global. Cuando miramos desde lejos a nuestro hogar reconocemos lo valioso que es para nosotros. La distancia confiere encanto a las cosas, nos devuelve al hogar. La distancia nos ayuda a asumir la realidad. Nos coloca en nuestro lugar.

A esta escala, pensar como terrestres es más importante que actuar como americanos, brasileños o alemanes. A esta escala, los recursos naturales comunes son mucho más importantes que los recursos nacionales y privados. La salud y la integridad del medio ambiente global no son valores que susciten la rivalidad de los pueblos o las naciones, porque no son recursos nacionales o privados. Hemos de verlos como recursos mundiales que nos pertenecen a todos, aunque las naciones y los pueblos puedan controlar legítimamente el acceso a algunos de ellos. Con una mirada global, las naciones son casi tan efímeras como las personas. Sólo es posible apropiarse del patrimonio cultural común de forma pasajera y temporal, como propiedad nacional, con la obligación de conservarlo para el bien de todo el planeta. Fundamentalmente, la Tierra y sus riquezas no pertenecen a nadie, porque nos pertenecen a todos. Sí, dirán ustedes, pero esto no hace más que afirmar la idea de que la Tierra es el patrimonio común de la humanidad. Quizá la Tierra tenga una rica biodiversidad, pero somos nosotros, los seres humanos, quienes heredamos esta riqueza; o quizá la perdemos por causa de la degradación del ambiente natural. La condición del medio ambiente ayuda o daña a los seres humanos y, muchos dirán, éste es el objeto de la ética ambiental: proteger lo hace la gente para la preservación de sus sistemas de vida, sus paisajes y sus recursos naturales. La ética se destina a las personas, que son a la vez el sujeto y el objeto. Sólo los seres humanos son agentes morales deliberantes, y sólo ellos tienen obligaciones con otros seres humanos. Únicamente las personas pueden responder de sus actos, y exclusivamente otras personas pueden exigirles esta responsabilidad.

Los seres humanos pueden y deben ser considerados responsables de lo que hacen con la Tierra: esto es irrevocable. Sólo las personas pueden asumir esta responsabilidad, no los animales salvajes, ni las plantas, ni las especies, ni los ecosistemas. La naturaleza es amoral. No somos responsables, desde luego, del estado actual y pasado de la Tierra: acabamos de entrar en la historia de la evolución. Pero los seres humanos estamos adquiriendo una responsabilidad cada vez mayor por el futuro de la Tierra. En este sentido, todo lo que los humanos valoramos está en juego en la búsqueda de un desarrollo sostenible, en una biosfera sostenible. Aunque sea nuestra única obligación, hemos de cuidar del mundo que nos rodea, porque es el hogar de todos. Pero, alega este argumento, las personas tienen deberes con otras personas (y también consigo mismas) y el cuidado del planeta es un medio orientado a este fin.

Es cierto que una gran parte de la labor de la ética ambiental puede hacerse teniendo en cuenta nuestros deberes con los otros seres humanos. Por ejemplo, los humanos buscamos la salud que, por cierto, no se limita al interior del cuerpo humano; la salud ambiental es igualmente importante. Los seres humanos necesitamos, como los animales y las plantas, un aire y un agua que estén razonablemente desprovistos de contaminación. En sus actividades agrícolas, el hombre debe cultivar sus alimentos en un suelo que esté más o menos libre de contaminación (aunque utilice plaguicidas y herbicidas) y que sea fértil (aunque utilice abonos). Es difícil que haya un cultivo sano en un entorno enfermo.

La salud ambiental tampoco es un concepto mínimo: pensemos más bien en un entorno de calidad. Los seres humanos necesitan productos naturales: madera, agua, suelo, recursos. La gente goza de distracciones naturales: fauna y flora silvestre, panoramas, lugares de recreo y lugares para disfrutar de la soledad. A este respecto, la ética ambiental se basa en lo que podríamos llamar el derecho humano a la naturaleza. Hay deberes hacia las personas que pueden incumbir a la naturaleza, pero no hay deberes directos con los animales, las plantas, las especies o los ecosistemas. La naturaleza es un medio para conseguir bienes humanos.

Pero esto, objetaría yo, no es del todo cierto y si se toma al pie de la letra constituye incluso una falsedad peligrosa. La ética ambiental también tiene que ver con los deberes hacia el mundo natural y los valores intrínsecos en este mundo. En términos generales, podríamos expresarlo con dos preguntas sobre una entidad que llamaremos *x*: 1) "¿Para qué sirve *x*?", y 2) "¿Qué es bueno para *x*?". La primera pregunta se refiere al bien que *x* puede proporcionarme, a mí y a los demás seres humanos. La segunda se refiere a lo que es bueno para *x*. La primera pregunta tiene que ver con el valor instrumental para las personas; la segunda con el valor intrínseco, intervengan o no los humanos. ¿Existen valores intrínsecos en la naturaleza, valores que puedan reclamar nuestro respeto, valores que puedan contar moralmente?

La ética ambiental aplica la ética al entorno natural, del mismo modo que hay una ética que se aplica a la actividad empresarial, a la medicina, a la ingeniería, al derecho o a la tecnología. Estas aplicaciones humanistas pueden ser problemáticas, pues hay que elegir entre limitar el crecimiento demográfico o el desarrollo, poner en duda el consumismo y la distribución de la riqueza, propugnar la participación de las mujeres o las poblaciones aborígenes, o temer el calentamiento global. Sin embargo, en el fondo, la ética ambiental es una aplicación más radical de la ética fuera del ámbito de los intereses humanos. La ética contemporánea ha procurado ser incluyente: los pobres como los ricos, las mujeres como los hombres, las generaciones futuras como las presentes. La ética ambiental es aún más incluyente. Las ballenas masacradas, la eliminación de los lobos, la perturbación de la vida y el hábitat de las cigüeñas, la tala de bosques antiguos, así como la amenaza del calentamiento global, son otras tantas cuestiones intrínsecamente éticas intrínsecas, porque se trata de valores presentes en la naturaleza, e instrumentales en razón del daño a los recursos humanos. Los seres humanos necesitan incluir a la naturaleza en su ética, e incluirse a ellos mismos en la naturaleza.

Quizá convendría reformular esta pregunta en términos de conservación biológica: 1) "¿Por qué conservar *x*?" y 2) "¿De qué bien es portador *x*?". La primera es la pregunta actual más importante acerca de la biodiversidad, la razón instrumental de que deseemos conservar *x*. Pero quizá esta pregunta no pueda responderse correctamente hasta que no hayamos formulado la segunda pregunta, que va más al fondo: la pregunta biológica más fundamental sobre qué conservación intrínseca se está produciendo.

En un sentido profundo, la conservación biológica empezó cuando empezó la vida, hace 3.500 millones de años. La conservación biológica es innata, ya que todo organismo se conserva y valora su propia vida. La biología es imposible sin la conservación, son términos contradictorios, es una condición que sólo puede existir temporalmente en el mundo presente, porque será autodestructiva y la selección actuará en su contra. La biología sin la conservación es la muerte, la extinción. La estrategia de conservación que necesitamos debe basarse en un respeto adecuado de la vida, para hacer que nuestra biología de la conservación humana encaje con esta biología perenne de la conservación.

¿Existen valores en la naturaleza no humana que los humanos puedan y deban respetar adecuadamente? La ética es para las personas pero, ¿tiene sólo por objeto a las personas? ¿Qué tiene que decir la ética respecto de la vida restante en nuestro planeta? El reto de la filosofía ambiental consiste en hacer que las personas, los únicos seres del planeta que pueden ser éticos, cuiden de un mundo que es nuestro hogar y el de estas otras criaturas.

LOS ANIMALES

No hay indicación mejor de los valores y los valoradores no humanos que la vida salvaje espontánea, libre y autónoma. Los animales cazan y aúllan, se refugian, buscan sus hábitats y sus parejas, se ocupan de sus cachorros, huyen de las amenazas, pasan hambre, pasan sed, conocen el calor, el cansancio, la excitación y el sueño. Sufren heridas y se las lamen. En su caso estamos bastante seguros de que este valor no es antropocéntrico. Los animales salvajes defienden su vida por su propio interés. Detrás de las pieles o las plumas hay algo. El animal nos devuelve la mirada y nos mira a su vez con preocupación. He aquí un valor justo frente a nuestros ojos, justo detrás de esos ojos. Los animales son valiosos y son capaces de valorar cosas en su mundo. Mantienen una el valor de su propia identidad mientras se enfrentan al mundo. Un animal valora su propia vida por lo que es en sí, intrínsecamente, y valora sus recursos instrumentalmente.

Lo que cuenta en la ética, por lo menos en parte, tiene que ver con nuestro parentesco con los animales y no es algo exclusivo de nuestra especie. En primer lugar el sentido común, y en segundo la ciencia, nos enseñan que los animales humanos tenemos muchas cosas en común con los animales no humanos, como padecer hambre y cansancio, sufrir el dolor y conocer el placer. Las secuencias de codificación de la proteína del ADN de los genes estructurales de los chimpancés y los seres humanos son idénticas en más de un 95-98%. Confrontados a estos hechos, hemos de filosofar acerca de ellos. De todo esto parece desprenderse que, cualesquiera que sean nuestras diferencias propias en tanto que *homo sapiens*, también existe un parentesco con otros.

Acorde con este mismo razonamiento, debemos valorar en otros seres no humanos lo que apreciamos en nosotros mismos. Valoramos lo que no pertenece directamente a nuestro linaje pero se nos parece lo bastante para que nos sintamos inducidos a compartir fenómenos comunes que se manifiestan en otros. El principio de la universabilidad exige que un ético reconozca valores correspondientes en otras personas. El aumento de la sensibilidad ética, o virtud, ha impuesto con frecuencia la ampliación del círculo de semejantes a otras razas, naciones y culturas. Pero estos círculos cada vez más amplios no conducen a la reciprocidad de los agentes morales. Una ética aún más incluyente constata que los dolores y los placeres tienen una dimensiÓn moral allí donde se producen, sea en seres humanos o en animales. Un alce no sufre como nosotros el frío del invierno (porque nuestro origen está en los trópicos).

Quizá el ruiseñor no sea feliz cuando canta. Pero no debemos incurrir en la falacia antropocéntrica de suponer que no hay análogos naturales de lo que los seres humanos valoran simplemente. Tenemos toda clase de razones lógicas, biológicas y psicológicas para atribuir grados de valor al parentesco.

Algunos pueden pensar que es imposible lógica o psicológicamente valorar las clases de experiencias que no podemos compartir (las de las ardillas, por ejemplo). Es cierto que las vidas de los animales no coinciden con las nuestras, y que hay ámbitos de experiencia a los que no podemos acceder, ni nos es fácil evaluar. Pero tampoco debemos subestimar el genio humano que le permite la apreciación reflexiva y el respeto considerado de formas ajenas. En todo caso, las exigencias de los animales con los que estamos emparentados deberían contar en la ética ambiental.

Los seres humanos han utilizado instrumentalmente a los animales desde tiempos inmemoriales. Y, en la mayoría de sus tradiciones morales, también han reservado un espacio para los deberes hacia los animales de los que son responsables (animales domésticos), o hacia los animales salvajes que cazan. Nosotros, la humadidad moderna, no deberíamos pensar que la ética se refiere solamente a las personas. Las vidas de los animales tienen derecho a nuestro respeto, por el valor intrínseco presente en ellas.

Pero esta ética atañe solamente a los mamíferos, y quizá a los vertebrados, y éstos sólo representan un pequeño porcentaje de los seres vivos.

LOS OTROS ORGANISMOS VIVOS

Los animales, sí, dirán ustedes: los animales dotados de sensibilidad de especies superiores. Pero ¿qué decir de los otros seres vivos? Todavía no tomamos en consideración a la mayor parte de habitantes del mundo biológico: animales de especies inferiores, insectos, microbios o plantas. Más del 96% de las especies son invertebrados o plantas; sólo una reducida fracción de los organismos individuales son animales dotados de sensibilidad. ¿Pueden estos otros seres defender los valores por sí mismos? ¿Cuentan moralmente?

Una planta no es un sujeto, pero tampoco es un objeto inanimado como una piedra. Las plantas no tienen fines propios, ni tampoco tienen metas en el sentido familiar del término. Pero las plantas están ciertamente vivas, y si nuestra ética respeta la vida, deberemos considerar también esa vida. Los vegetales son entidades unificadas que pertenecen al mundo botánico, pero no al zoológico, o sea que no son organismos unitarios altamente integrados con un control neurológico central, sino organismos modulares con un meristemo que puede producir repetida e indefinidamente nuevos elementos vegetativos, nódulos de tallos y hojas adicionales cuando hay espacio y recursos suficientes, y nuevos elementos reproductivos, como frutas y semillas.

Las plantas se hacen a sí mismas; curan las heridas; llevan el agua, los nutrientes y la fotosíntesis entre una y otra célula; almacenan los azúcares; hacen toxinas y regulan sus niveles para defenderse contra los herbívoros; fabrican néctar y emiten feromonas para influir en el comportamiento de los insectos polinizadores y en la respuesta de otras plantas; emiten agentes alelopáticos para eliminar los invasores; hacen espinas y atrapan insectos. Todo esto, visto en una sola perspectiva, no es más que bioquímica –agitación frenética de moléculas orgánicas, enzimas, proteínas– como también los humanos se ven desde una sola mirada. Pero desde otra perspectiva igualmente válida y objetiva, la morfología y el metabolismo que proyecta el organismo corresponden a un estado valorado. *Vital* es un término más aplicable que *biológico*.

Una planta, como cualquier otro organismo, con sensibilidad o sin ella, es un sistema espontáneo y automantenido, que se sostiene y se reproduce por su cuenta, ejecuta su programa, se abre camino en el mundo y verifica el rendimiento mediante capacidades de respuesta que le permiten funcionar con éxito. Sobre la base de su información genética, el organismo distingue entre lo que *es* y lo que *debe ser*. El organismo es un sistema axiológico, pero no un sistema moral. Así pues, un árbol crece, se reproduce, cura sus heridas y resiste a la muerte. Una vida se defiende por lo que es en sí misma. Cada organismo posee el *bien de su especie*; en la primera acepción del término; defiende su propia especie como una *buena especie*. La planta, como decíamos, participa en la biología de la conservación. ¿No significa esto que la planta es valiosa, y que es capaz de valorarse a sí misma?

Algunos objetarán que, aunque las plantas tienen un bien propio, no son capaces de valorarlo porque no son capaces de sentir. A la planta no hay nada que le importe. Existe un bien para la planta, pero no un valor de la planta. No hay ningún valorador que evalúe algo. Las plantas pueden hacer cosas que nos interesan, pero ellas no están interesadas en lo que están haciendo. Sus intereses son meramente funcionales.

Sin embargo, aunque las cosas no importen *a* las plantas, sí son importantes *para* ellas. De una planta que decae decimos: "¿Qué le pasa *a* esta planta?". Si le falta luz solar y nutrientes del suelo, y se las proporcionamos, diremos: "El árbol se beneficia de la luz solar y de los nutrientes del suelo", y *beneficiarse* es, en todos los contextos en que aparece, un término de valor. Objetivamente es difícil disociar la idea del valor de la selección natural. Los biólogos suelen hablar del "valor de supervivencia" de las actividades de las plantas; las espinas, por ejemplo, tienen un valor de supervivencia. Estas características de supervivencia, aunque elegidas por selección natural, son innatas (= intrínsecas) en el organismo, o sea que están almacenadas en sus genes y se expresan en su estructura y su comportamiento.

Se objetará que los filósofos serios pondrán entre comillas este término de "valor". No se trata realmente de un valor, porque no hay una experiencia consciente de opción entre alternativas, ni se ejerce ninguna preferencia. Este llamado valor no es un valor que interese a quienes valoran la naturaleza porque no es un valor con un interés propio. Pero ¿no valora el organismo aquello de lo que extrae recursos? Aunque no lo hacemos conscientemente, no queremos suponer que sólo hay un valor o una valoración consciente. Esto es lo que estamos debatiendo, y no una hipótesis de trabajo.

Un árbol, por ejemplo, que defiende el bien de su especie es una observación de valor en la naturaleza, al igual que el metabolismo del árbol es un factor biológico. Los árboles parecen verdes, pero quizá no podamos decir que las ondas electromagnéticas que concurren en ellos son "verdes". En cualquier caso, los árboles hacen la fotosíntesis, tanto si los humanos los miran como si no. Las cosas pueden ir bien o mal para el árbol, y esto equivale a decir que el árbol tiene su propio bien y su propio mal.

Hay otras objeciones que oponer. Puede suceder que *x* tenga un bien propio, pero que la persecución de este valor sea mala para las personas, como en el caso de las plantas venenosas o las mofetas. El que *x* tenga un bien propio no significa que este bien deba promoverse. No olvidemos nuestra distinción inicial: "¿Qué es bueno para *x*?" o "¿Para qué es bueno *x*?". Los gérmenes de las enfermedades tienen un bien propio, pero no nos conviene promoverlo porque la enfermedad no es buena para nosotros. El primero es un hecho biológico, el segundo un juicio normativo. Desde luego, algunas especies de plantas o animales pueden ser malas para el ser humano. Nadie lo niega.

Sin embargo, la cuestión que se plantea, vista con mayor profundidad, es de carácter global y objetivo. ¿Existirían esas especies malas en otro entorno? Prescindamos de la gente. ¿Podría ser que *x* tiene un bien propio, pero que la persecución de este valor sea mala para el ecosistema, como las malas hierbas o los parásitos? Si regresamos a la teoría darwiniana clásica, los biólogos descubren "nichos" en la naturaleza en los que cada uno de estos organismos se ha "encajado", o ha adaptado su forma a él. Esto hace pensar en la interdependencia y la comunidad de la que participan los organismos. Así las cosas, tendremos que pasar de la fórmula "*x* que tiene un valor propio" a la fórmula "*x* que tiene un valor en el sistema". Si *x* desempeña un papel como forma adaptada, con frecuencia constataremos que expresa un cierto valor que no está presente por otro concepto en el sistema y que lo enriquece con su presencia. Son bienes individuales, es cierto; pero los bienes individuales deben encajarse adecuadamente en los ecosistemas. Con un conjunto más sistémico de hechos, en la naturaleza no hay "malas hierbas". Corresponde a los que clasifican como especies malas, a las mofetas, comadrejas, plantas venenosas y a otras especies nocivas, demostrar que lo son.

Podemos señalar no obstante que son parásitos, pero el parasitismo es un subprograma de un sistema valorativo más amplio. La idea misma del parasitismo es conceptualmente parasítica de valores presentes en otras partes y suficientemente florecientes para ser víctimas de parásitos. El parásito que pierde capacidades las toma prestadas porque estas capacidades permanecen en el huésped. El valor negativo, el parasitismo, es privativo indudablemente de algún valor, una vida autónoma; y todas las vidas son interdependientes. Los parásitos pueden ser importantes para la estabilidad del ecosistema, el control de la población o el metabolismo, porque los parásitos tienen nichos y funciones como cualquier otro organismo.

El sistema pocas veces degenera en su totalidad. A veces puede ocurrir, como cuando los climas se enfrían y se secan, pero incluso entonces aparecen nuevas capacidades. A escala planetaria, se observa un incremento general de la diversidad y la complejidad que hemos considerado anteriormente. Si se valora la vida, hay que valorarla genéricamente, colectivamente, como lo define el término "biodiversidad". Cada organismo individual es por lo tanto un incremento de un bien colectivo, o por lo menos en principio.

La ética y la biología han mantenido relaciones inciertas en los últimos siglos. Un argumento recurrente prohíbe el tránsito de lo que *es* (una descripción de los hechos biológicos) a lo que *debe ser* (una prescripción de un deber). Algunos temen que se esté incurriendo en una falacia naturalística. Nosotros constatamos lo que *hay* biológicamente presente en la naturaleza y llegamos a la conclusión de que hay algo valioso, algo que podemos y *debemos* proteger. Pero ¿no se diría más bien que en este caso los hechos son hechos de valor, cuando lo que estamos describiendo es lo que beneficia al árbol? Este valor es en gran medida lo que cuenta. Si nos negamos a reconocer la presencia objetiva de estos valores, ¿habremos cometido un error? El peligro es más bien lo contrario. Cometemos el error subjetivista si pensamos que todos los valores se encuentran en la experiencia subjetiva y, lo que es peor, caemos en el error antropocéntrico si pensamos que todos los valores se encuentran en las opciones y las preferencias humanas.

Si las vidas naturales espontáneas tienen un valor en sí mismas, y si los humanos encuentran y ponen en peligro dicho valor, podría afirmarse que los seres humanos no deben destruir los valores de la naturaleza, por lo menos sin que haya una justificación absoluta de que se va a obtener un mayor valor. Quizá algunas de estas especies de plantas son especies malas para el ser humano (las plantas venenosas), pero en cambio son formas adaptadas, supuestamente aptas para la vida en sus nichos. El riesgo contrario es el error del valor mal atribuido, un error humanista que considera que el valor estriba exclusivamente en la satisfacción de nuestras preferencias humanas.

La ética tiene mucho que ver con el respeto de los demás por lo que son y valen en sí mismos, independientemente de nuestros propios intereses: esto es altruismo. Pero una ética humanista no es verdaderamente "altruista" respecto de cualquier ser no-humano; incluso una ética de los derechos animales sólo encuentra valor en nuestros primos del reino animal. La ética ambiental, que es la más altruista, tiene en cuenta todos los demás organismos vivos. Esto no significa negar los trueques y los grados de importancia y de valor. Debido a sus propias necesidades biológicas, los seres humanos también tienen que abrirse camino en el mundo, y para ello han de defenderse (contra el veneno de las plantas, por ejemplo) y apropiarse de los valores presentes en las plantas y los animales para su alimentación y su abrigo. Los seres humanos hacen esto no sólo como agentes biológicos, sino también como agentes morales. Tenemos, en otras palabras, el derecho a comer, pero también tenemos una responsabilidad hacia los aspectos vitales de la fauna y la flora que nos rodea. Una ética completa incluye a todos los organismos vivos.

LAS ESPECIES

Según el nivel de las especies las responsabilidades aumentan, y el reto intelectual de defender los deberes hacia las especies también. ¿Qué son las especies? Ésta es una pregunta científica que deben responder los biólogos. ¿Tienen los seres humanos deberes hacia las especies? Ésta es una cuestión ética que deben responder los filósofos. A nivel biológico, las especies son linajes históricos. El *ursus arctos* (el oso polar) es una secuencia dinámica continua de oso-oso-oso, una forma específica de vida históricamente mantenida a lo largo de las generaciones durante miles de años. La cerda está programada para reproducirse y a cuidar sus cerditos. El individuo representa (re-presenta) una especie en cada nueva generación. Es el espécimen de un tipo, y el tipo es más importante que el espécimen.

Como ocurre con las plantas, los eticistas clásicos constatan a menudo, pero no siempre, la utilidad de las especies como recursos naturales. Pero también consideran que las especies ocultan otros objetos que son de interés moral directo. Las especies, aunque estén en peligro de extinción, no pueden "preocuparse", –vemos otra vez la objeción antes planteada– simplemente vienen y se van. El 98% de las especies que han habitado la Tierra están extintas. La mayoría de los eticistas señalan que no hay que destruir innecesariamente las especies en peligro: las personas virtuosas no son vándalos. Pero muchos dan razones humanísticas y piensan que son suficientes. Los seres humanos son capaces, sin duda alguna, de valorar la biodiversidad con fines instrumentales, médicos, agrícolas o industriales. Pero ¿puede haber un valor intrínseco a nivel de las especies? ¿Pueden ser las especies valiosas y susceptibles de valoración en sí mismas? Esto parece prestarse a confusión. Una especie no tiene un Yo que defienda su vida. No hay paralelo con los sistemas nerviosos o los metabolismos que caracterizan a los organismos individuales. Debemos preguntarnos pues si conservar una identidad somática singular es el único proceso valioso y susceptible de valoración.

Las plantas y los animales no sólo defienden sus vidas, sino que defienden sus especies. Estas especies son el factor dinámico de la vida. El fin de la vida en la Tierra es el acontecimiento más destructivo que pueda concebirse. Al amenazar la biodiversidad de la Tierra, el mal que causan los humanos pone freno al ímpetu histórico de la vida. Cada extinción de una especie es un paso en el camino que nos lleva al fin de la vida. La pregunta "¿Debe existir la especie *x*?" puede llevar a preguntarse: "¿Debe existir la vida en la Tierra?". Como la vida en la Tierra está compuesta de muchas especies, cuando los humanos ponen en peligro una de éstas, la carga de la prueba recae sobre los que quieren extinguir una especie deliberadamente, y al mismo tiempo se preocupan por la vida en la Tierra.

Una especie es otro nivel de identidad biológica reafirmada genéticamente en el tiempo. La identidad no debe atribuirse únicamente a un organismo centrado o modular, sino que puede persistir en el tiempo como un esquema discreto y vital. La serie genética en la que se codifica el *telos* (palabra griega que significa "fin", "objetivo", o "meta") es evidentemente la propiedad tanto de la especie como del individuo por el que pasa. El valor es algo dinámico de una forma específica de vida. La especie es un acontecimiento más grande que el individuo, con sus intereses o su sensibilidad. La unidad adecuada de supervivencia se sitúa en el nivel apropiado de la valoración persistente, cuando la defensa de la vida persevera en la regeneración, ya que el individuo está subordinado a la supervivencia de la especie.

Los ecosistemas producen por evolución organismos que atienden a sus necesidades somáticas inmediatas (alimentación, hábitat, metabolismo) y que se reproducirán en la generación siguiente. La cadena nacimiento-muerte-nacimiento-muerte requiere una serie de sustituciones. Generalmente se supone que la reproducción es una necesidad de los individuos, pero cualquier individuo puede prosperar somáticamente sin reproducirse en absoluto; es más, puede sufrir dificultades y arriesgar o gastar mucha energía en la reproducción. Con otra lógica, podemos interpretar la reproducción como la permanencia de las especies por medio de sus sustituciones. En este sentido, un jaguar hembra no da a luz cachorros para su propia salud, sino más bien sus cachorros son la *panthera onca* que se recrea mediante una actuación continua.

El animal hembra no tiene glándulas mamarias, ni el macho testículos, porque la función de éstos consista en preservar su propia vida; esos órganos sirven para defender la línea de la vida en un plano más amplio que el del individuo somático. El *locus* del valor que se defiende a lo largo de las generaciones se encuentra en la forma de la vida, porque los individuos están genéticamente dispuestos a sacrificarse en aras de la reproducción de su especie. El individuo es un receptáculo de la forma, y los receptáculos mueren mientras que la forma sobrevive, pues ésta no puede sobrevivir de otra manera.

La línea de la especie es el sistema vivo *vital*, el todo del cual los organismos individuales son partes esenciales. Las especies defienden una forma particular de vida, siguen su camino por el mundo, se resisten a la muerte (extinción) y mediante la regeneración mantienen una identidad normativa en el tiempo. Hemos dicho antes que la selección natural elige las características de un organismo que son valiosas para él, en relación con su supervivencia. Pero si nos preguntamos cuál es el carácter de este valor, veremos que no es la supervivencia somática del individuo orgánico, sino el valor-capacidad de la reproducción. Esto hace que el valor-capacidad innato o intrínseco se ubique en el organismo, pero también define el valor-capacidad como la capacidad de reproducirse en una generación siguiente, preparada para producir otra generación después. De hecho, la selección natural no tiene muy en cuenta a los individuos; si los pone a prueba es para saber si pueden transferir un linaje histórico.

En su condición de linajes históricos, las especies tienen una identidad biológica defendida, aunque no posean ninguna experiencia subjetiva. Las especies son bastante reales: la existencia real de una secuencia jaguar-jaguar-jaguar es casi tan cierta como todo lo que creemos acerca del mundo empírico. Las especies están vivas y están llenas de vida, son procesos que poseen una especie de unidad e integridad. La línea de las especies también es valiosa y susceptible de valoración, capaz de conservar una identidad biológica. En efecto, es más real, más valiosa y susceptible de valoración que el individuo, por necesarios que sean los individuos para la continuación de este linaje. Si tiene algún sentido afirmar que no hay que matar a individuos sin justificación, aún tendrá más sentido decir que no hay que extinguir líneas de especies si no existe una justificación extraordinaria para ello. Sería una especie de hecatombe.

LOS ECOSISTEMAS

Los individuos no existen si no es como miembros de una especie. Las especies, a su vez, no existen si no es en nichos de ecosistemas. La vida tiene lugar en la comunidad. Así pues, nuestra interrogación sobre el valor de la vida deberá efectuarse a escala del ecosistema. "Una cosa es buena", concluía Aldo Leopold, "cuando tiende a conservar la integridad, la estabilidad y la belleza de la comunidad biótica; y es mala cuando tiende a lo contrario" (1968, págs. 24-25). Los humanos pueden valorar instrumentalmente las comunidades del ecosistema porque necesitan ecosistemas sostenibles. Pero ¿pueden los ecosistemas ser objetos de deberes porque son valiosos y susceptibles de valoración en sí mismos?

Hay algo aún más preocupante, por motivos en parte científicos y en parte filosóficos. Quizá la existencia de los ecosistemas esté muy poco estructurada para que puedan ser objeto de juicios de valor: no son sino agregados de sus miembros más reales, como un bosque no es más (dicen algunos) que una colección de árboles. Podemos valorar colecciones, como las de sellos de correos, pero éstas solamente tienen el valor agregado de cada una de las estampillas. Un ecosistema es algo distinto. No hay nada en una colección de sellos que esté vivo: la colección no es una comunidad, no se autogenera ni se automantiene.

Necesitamos la ecología para descubrir lo que significa una comunidad biótica como modo de organización. Después podremos hacer una reflexión filosófica para descubrir sus valores. Un ecosistema no tiene cerebro, ni genoma, ni piel, ni autoidentificación, ni *telos*, ni un programa unificado, no se defiende contra las lesiones o la muerte y no es irritable. Así pues, a veces podría parecer que un ecosistema se encuentra a un nivel demasiado bajo de organización como para que pueda constituir un objeto directo de preocupación. Los ecosistemas no se cuidan de nada, ni pueden hacerlo. No tienen ningún interés que les inspire (o nos inspire) cuidado.

Pero ésta es una comprensión errónea de los ecosistemas, un error de categoría. Culpar a las *comunidades* porque no se comportan como *individuos* biológicos es atribuir a un nivel lo que es adecuado a otro. Buscamos presiones de selección y formas de adaptación, no por la irritabilidad o la cura de una lesión, o para la especiación y el apoyo a la vida, ni tampoco para resistir a la muerte sino porque pensamos más sistémicamente y menos biológicamente.

Un ecosistema genera un orden espontáneo que envuelve y produce la riqueza, la belleza, la integridad y la estabilidad dinámica de sus componentes. Aunque estas interdependencias organizadas son poco firmes en comparación con las estrechas conexiones existentes en el interior de un organismo, todos esos metabolismos están tan vitalmente vinculados entre sí como lo están el hígado y el corazón. El ecosistema equilibrador no es simplemente una masa de fuerzas que se proyectan en direcciones distintas, sino un equilibrio de valores. Las fuerzas selectivas de los ecosistemas trascienden y producen a la vez las vidas de las plantas y los animales individuales.

La evolución de los ecosistemas a lo largo del tiempo geológico ha hecho que el número de especies en la Tierra pasase de cero a cinco millones o más. A esto puede agregarse el aumento de la calidad de las vidas individuales en los escalones tróficos más altos de la pirámide ecológica. Los organismos unicelulares evolucionaron convirtiéndose en organismos pluricelulares altamente integrados. La fotosíntesis evolucionó y acabó sustentando la locomoción: nadar, andar, correr, volar. Los mecanismos de estímulo-respuesta pasaron a ser actos instintivos complejos. Después de los animales de sangre fría vinieron los animales de sangre caliente. Aparecieron la complejidad neuronal, el comportamiento condicionado y el aprendizaje. Apareció la sensibilidad: vista, olfato, oído, gusto, placer, dolor. Los cerebros evolucionaron, con la liberación de las manos. Nació la conciencia y la conciencia del yo. Surgieron las personas, con su unidad intensamente concentrada. Los productos son valiosos, susceptibles de valoración por estos seres humanos: pero ¿por qué no decir que lo verdaderamente valioso es el proceso capaz de producir esos valores?

El sistema es un conjunto dotado de características tan vitales para la vida como cualquier propiedad contenida dentro de organismos particulares. Los filósofos, a veces alentados por los biólogos, pueden pensar que los ecosistemas no son más que agregados epifenoménicos. Esto es una confusión. Todo nivel es real si existe una relación significativa de causalidad descendente. Así, el átomo es real porque su forma condiciona el comportamiento de los electrones; la célula lo es porque su forma condiciona el comportamiento de los aminoácidos; el organismo lo es porque su forma coordina el comportamiento del corazón y los pulmones; la comunidad lo es ya que el nicho configura la morfología y el comportamiento de los jaguares que forman parte de ella. Ser real requiere una organización que configura la existencia y el comportamiento de los miembros/partes.

Desde el punto de vista axiológico, en los niveles más globales hay que ampliar el significado de los términos "instrumental" e "intrínseco". Los ecosistemas tienen un "valor sistémico". Pero si queremos saber lo que es capaz de crear valor, ¿por qué no decir que es la productividad de estos ecosistemas la que da lugar a esos fenómenos que, cuando se producen, somos capaces de valorar, como la biodiversidad de nuestro planeta? Los valores son intrínsecos, instrumentales y sistémicos, y están interrelacionados. Sería absurdo valorar sólo los huevos de oro y no la gallina que los ha puesto. Pero sería un error valorar a la gallina sólo instrumentalmente. Una gallina que pone huevos de oro es sistémicamente valiosa, ¿cuánto más lo será un ecosistema que genera miríadas de especies? o incluso, como veremos ahora, ¿una Tierra que produce miles de millones de especies, entre ellas la especie humana?

LA TIERRA

Contemplando "el amanecer" de la Tierra en el espacio sideral, Edgar Mitchell se sintió cautivado y escribió: "Surge repentinamente, detrás del contorno de la Luna, con movimientos lentos y prolongados de inmensa majestad, una joya reluciente, azul y blanca, una esfera ligera, delicada, de un azul celeste, envuelta en velos blancos flotantes que se agitan suavemente, una pequeña perla que va ascendiendo en un denso mar de negro misterio. Hace falta algún tiempo para percatarse verdaderamente de que es la Tierra... nuestro hogar" (Kelley, 1988, pies de las fotografías 42-45). Esta visión también emocionó a Michael Collins: "Cuando viajé a la Luna, no fue mi proximidad a aquel amasijo de rocas lo que recuerdo más vívidamente, sino lo que vi cuando me giré a mirar mi frágil hogar: un globo de luz atrayente, de un delicado color azul y blanco, un pequeño refugio suspendido en la infinita negrura. La Tierra es un tesoro que debe cuidarse con amor, algo precioso que *debe* durar" (1980, pág. 6).

La Tierra vista desde el espacio nos depara un momento de verdad. Ésta es la única biosfera, el único planeta con una ecología. Antes el reto consistía en evaluar a las personas, los animales, las plantas, las especies o los ecosistemas; pero la valoración ambiental no concluye hasta que llegamos al nivel planetario. La Tierra es, verdaderamente, la unidad pertinente de supervivencia. La biología de la conservación exige que conservemos la biosfera. Pero no estamos acostumbrados a valorar la Tierra entera, y para ello es necesario un análisis filosófico que inicie la reflexión sobre si podemos o no tener deberes hacia nuestro planeta.

Sólo en el siglo pasado, el siglo que podríamos tal vez llamar de Darwin, aprendimos el profundo cambio histórico de este planeta, la vida que ha persistido durante miles y millones de años. Ahora que nos encontramos en el albor de un nuevo siglo, nosotros los humanos tenemos el conocimiento y la capacidad necesarios para alterar la historia del planeta a un nivel ecológico global. El futuro no puede ser como el pasado, ni los próximos diez mil años como los diez mil últimos, ni siquiera los próximos quinientos años como los últimos quinientos años. Todo esto representa nuevos y urgentes deberes. En su mayor parte, el siglo pasado, que fue el primer siglo en el que las guerras fueron mundiales, estuvo dominado por el temor a que los seres humanos se destruyeran entre ellos. Afortunadamente, este temor se ha disipado hasta cierto punto pero, por desgracia, un nuevo temor lo está sustituyendo rápidamente. El tema de preocupación del nuevo siglo será la posibilidad de que los humanos destruyan su planeta, destruyéndose a ellos mismos.

Estamos entrando en un nuevo milenio. El reto del último milenio consistió en pasar del mundo medieval al mundo moderno, construyendo culturas y naciones modernas, en una explosión de desarrollo cultural. El reto del milenio actual estriba en contener a esas culturas dentro de los límites de la capacidad de sustentación de la comunidad más amplia de la vida en nuestro planeta. Al paso que vamos, gran parte de la integridad del mundo natural estará destruida en el próximo siglo. Si seguimos desarrollándonos durante otro milenio al mismo ritmo que en el siglo pasado, nos espera sin duda alguna una catástrofe. Si queremos ser fieles a nuestra condición de especie, la "especie sabia", tenemos que mostrar el debido respeto a la vida. Ello requerirá una ética interhumana, y también una ética interespecies para que la única especie moral descubra que todas las demás, aunque no sean agentes morales, deben contar moralmente. Y, en último término, ello requerirá una ética de la Tierra, que descubra un sentimiento global de obligación en toda esta biosfera habitada.

Parece que estemos adoptando posiciones extremas. Después de todo, la Tierra sólo es tierra, lodo. La creencia de que el lodo puede tener un valor intrínseco se considera a veces una *reductio ad absurdum* de la filosofía ambiental. El lodo es fundamental para nosotros, pero no es la clase de cosa que tiene un valor en sí misma. En este sentido, estamos de acuerdo. Un terrón aislado no defiende ningún valor intrínseco y difícilmente puede decirse que tenga un gran valor en sí mismo. Pero esto no cierra la cuestión, porque un terrón está integrado en un ecosistema. La tierra es parte del mismo, y la Tierra es la totalidad. El lodo es un producto y un proceso en sentido sistémico. Hemos de tratar de obtener una imagen global, y pasar del terrón al sistema de la Tierra en el que ha sido creado.

Algunos insistirán en que la Tierra es una inmensa roca como la Luna, con la diferencia de que tiene agua y está iluminada de un modo que permite la vida. Así pues, quizá lo que valoremos en realidad sea la vida y no la Tierra, excepto porque permite de la vida. No tenemos deberes con las rocas, el aire, el océano, el polvo o la Tierra. Tenemos deberes con las personas, o con las cosas vivas. No hemos de confundir los deberes hacia el hogar con los deberes hacia sus habitantes. La conservación es para las personas, no es un fin en sí misma.

Pero ésta no es una visión sistémica de lo que está pasando. Necesitamos una descripción sistemática de la valiosa Tierra que ahora vemos antes de que la viésemos, y no sólo un valor generado en el ojo del que la ve. Encontrar este valor creará un sentimiento global de obligación. La transformación de las rocas en lodo, y después en fauna y flora, es una de las grandes sorpresas de la historia natural, uno de los acontecimientos más extraños del universo astronómico. La Tierra es toda lodo, los seres humanos salimos del *humus*, y hemos tenido la revelación de lo que puede hacer el lodo cuando se auto-organiza en condiciones adecuadas. Es un lodo bastante espectacular.

En realidad, la historia se nos presenta como una serie de "milagros", acontecimientos prodigiosos y fortuitos, despliegues de potencialidades; y cuando el producto más complejo de la Tierra, el *homo sapiens*, adquiere suficiente inteligencia para reflexionar acerca de esta maravilla cósmica, todos nos quedamos balbuceando acerca del azar y la necesidad que se dieron cita en nuestro origen. Para algunos, el oscuro misterio no es más que el reflejo de algo trascendente y numinoso. Para otros, el misterio es impenetrable. Quizá no tengamos por qué conocer todas las respuestas cosmológicas. Nadie duda que éste sea un lugar fascinante, una perla en un mar tenebroso.

No valoraremos objetivamente a la Tierra hasta que no apreciemos su maravillosa historia natural. Este planeta es verdaderamente soberbio, el ente más valioso de todos, porque es capaz de producir todos los valores que lleva consigo. A esta escala, si nos preguntamos qué es lo que hay que valorar principalmente, el valor de la vida como proceso creativo derivado de la Tierra parece la mejor respuesta y la que constituye una categoría más completa.

¿No valoramos a veces los sistemas de sustentación de la vida en la Tierra porque tienen un valor intrínseco, y no al contrario? ¿Es este valor simplemente un resultado de intereses humanos de tardía aparición? O bien, ¿no es la Tierra, desde el punto de vista histórico, un lugar notable, valioso, un lugar capaz de producir valor antes de la llegada del hombre, y no es incluso un lugar valioso aunque no se tengan en cuenta los usos que hace de ella la humanidad? Parece obsoleto pensar que sólo es nuestra participación en el drama lo que le da valor. La producción de valor a lo largo de los miles de años de la historia natural no es algo subjetivo que ocurre en la mente humana: el valor de la Tierra es un valor fundacional. No es sólo la tierra que pisamos, sino la creatividad del sistema natural que heredamos, y los valores que genera, lo que constituye la base de nuestro ser. La Tierra puede ser el objeto último de deber, después de Dios, si existe.

LOS SERES HUMANOS

Sin embargo, objetarán ustedes, los seres humanos han quedado demasiado al margen de esta presentación global. Después de todo, aunque en la naturaleza no-humana existan algunos valores, los humanos están situados en el vértice de la pirámide de valor; son los que más cuentan. A su lado, cualquier valor intrínseco de los animales salvajes o las plantas, o las líneas de las especies, o incluso los ecosistemas, es relativamente insignificante. Los seres humanos son los únicos evaluadores que pueden reflexionar acerca de lo que está pasando, que pueden deliberar sobre lo que han de hacer para promover la conservación. Cuando los seres humanos lo hagan, deberán fijar las escalas; porque el ser humano es la medida de todas las cosas. Así pues, lo que cuenta realmente son los seres humanos y lo que está en juego de su entorno.

En la práctica, y por principio, hemos de colocar a los seres humanos en el centro del proceso de conservación. Seamos pragmáticos: ninguna política de conservación puede tener éxito si no se convence a la gente de que es conveniente para ella. El valor intrínseco de la naturaleza nunca podrá prevalecer sobre nuestra propia magnanimidad interesada. Los acuerdos internacionales no funcionan si las naciones participantes no creen que esta cooperación redunda en beneficio de sus intereses nacionales. Y, con más razón, las naciones no van a cooperar, colectivamente, en la conservación de la naturaleza si no entienden que ello redundará en beneficio de los seres humanos. Los humanos se preocupan de sí mismos: no es nada probable que presten mucha atención a los valores intrínsecos de la naturaleza si no hay un incentivo para ello.

A este patrimonio global se le suele llamar "el patrimonio común de la humanidad". Empero, en los últimos años gran parte de lo que antes se aceptaba tácitamente en este rico legado natural se ha hecho explícito, debido a nuestros nuevos medios que nos permiten modificar y degradar la biosfera. Al mismo tiempo, nos estamos dando cuenta de que este patrimonio es, en último término, el sistema creativo y prolífico en el que vivimos. Utilizando una hectárea o dos de tierra, o incluso quizá centenares o miles de hectáreas, podemos pensar que la tierra nos pertenece, como propietarios privados. Cuando contemplamos un paisaje podemos pensar también que la tierra nos pertenece, en nuestra condición de ciudadanos del país situado geográficamente allí.

Pero, a escala global, la Tierra no es algo que poseamos. La Tierra no nos pertenece, más bien somos nosotros los que le pertenecemos. Nosotros pertenecemos a la Tierra. No se trata de una cuestión de propiedad, sino de comunidad. Por eso, el paso de la tierra a la Tierra no consiste en un agregado cuantitativo de terrones, de propiedades rústicas pensadas para nuestra satisfacción, sino en un cambio cualitativo de la tierra bajo nuestros pies a la tierra que sustenta nuestro ser. Ver solamente en esta tierra común un recurso nacional es una atribución errónea de valor.

Quizá, más allá de estos intereses nacionales, o incluso internacionales, en "el patrimonio común de la humanidad", situándolo en el centro de la imagen, no sea más que una de estas medias verdades que desvirtúan todas las respuestas. La sorpresa del último siglo, y la lección que todavía no hemos aprendido ahora que entramos en un nuevo milenio, es que la naturaleza nos acompaña siempre. La naturaleza es el entorno de la cultura. La naturaleza es el seno que los humanos nunca abandonan del todo.

Los cuatro temas esenciales de nuestro programa humano son los siguientes: población, desarrollo, paz y medio ambiente. Todos son globales; todos son locales; todos están interrelacionados y en ninguno de ellos hemos logrado todavía, nosotros los individuos modernos, una relación sostenible con nuestra Tierra. La conjunción del crecimiento demográfico, el consumismo desencadenado, las luchas de poder entre las naciones y en el interior de las mismas, y la degradación resultante del medio ambiente amenazan gravemente a los pobres de hoy y amenazarán cada vez más a los ricos en el futuro. Nuestra capacidad humana de alterar y reconfigurar nuestro planeta es ya más profunda que nuestra capacidad de reconocer las consecuencias de nuestra actividad y hacerles frente colectiva e internacionalmente.

La misión actual de las Naciones Unidas consiste en transformar en cooperación los conflictos internos y externos de las naciones. Desde la Conferencia de las Naciones Unidas sobre el Medio Ambiente y el Desarrollo (CNUMAD), de 1992, esta misión incluye la promoción del desarrollo sostenible. Deseo expresar una visión, o mejor dicho una re-visión, para que la misión futura de las Naciones Unidas incluya la habilitación de todas las naciones para que cooperen en el apoyo y el respeto de la biosfera.

En la ética global de la Tierra los asuntos exteriores son asuntos internos. Si de lo que se trata es de salvar la Tierra, no tenemos ninguna política exterior, porque la Tierra no es un país extranjero. Si una actividad en particular afecta al Amazonas, ésta es una cuestión de política interna del Brasil, pero es inseparable de las políticas internas de las otras ocho naciones a las que el río Amazonas sirve de frontera. Teniendo en cuenta que el Amazonas absorbe casi una cuarta parte de la escorrentía total de agua potable de la Tierra, que la fotosíntesis en el Amazonas es importante a nivel global, y que en esta situación está en juego un porcentaje desproporcionado de la riqueza biológica de la Tierra, lo que allí ocurra será también un problema interno de los habitantes de los Estados Unidos.

Hay que permitir que muchos de los recursos naturales de la Tierra, de distribución desigual y poco equitativa, puedan cruzar las fronteras nacionales a fin de crear una comunidad estable de naciones. Las personas tienen derecho al agua; esto parece plausible y justo. Pero consideremos ahora las naciones en relación con la hidrología del planeta: por lo menos 214 cuencas fluviales son multinacionales. Alrededor de 50 países tienen un 75% o más de su superficie total comprendida en cuencas fluviales internacionales. Se estima que del 35 al 40% de la población mundial vive en cuencas fluviales multinacionales. En África y Europa, la mayoría de las cuencas fluviales son multinacionales. La palabra "rival" viene de la palabra latina "río", *rivus*, en referencia a los que comparten las aguas corrientes. Con la escalada demográfica y los niveles de contaminación, compartir el agua es una cuestión cada vez más internacional.

Con una ética que prevea la utilización compartida de los recursos, el contexto internacional tendrá que ser suficientemente estable y dinámico para que una nación que no se basta a sí misma pueda autoabastecerse en la red del comercio internacional. Esto supone vivir en una dinámica que comprende a una comunidad de naciones cuyo acceso a los recursos les permite redistribuirlos a través de las fronteras nacionales en proporción suficiente para que las naciones puedan compensar sus deficiencias de recursos con el comercio internacional. Si no se puede organizar este comercio, el ambiente natural sufrirá las consecuencias. Se denegarán los derechos humanos a un medio ambiente decente, a una participación justa en los recursos y los bienes del mundo. La inseguridad, el hambre y una sensación de injusticia provocarán la desesperación y las revueltas que encontrarán salida en la violencia, la guerra y el terrorismo.

No obstante, exigir el respeto de nuestros derechos y una participación justa tampoco es más que una media verdad. Si lo exigimos todo, esta exigencia pasa a ser parte a la vez del problema y de su solución. Quizá el problema más enraizado sea esta costumbre de ponernos siempre en primer lugar y no ocupar nunca el lugar que nos corresponde en la comunidad de la biosfera fundamental en la que residimos. Cuando preguntamos, ¿qué pasa?, lo malo es que estamos convencidos de que no pasa nada si no nos pasa a nosotros. Esto perturba primero a nuestras naciones y a nuestras culturas y después perturba y daña a nuestros sistemas que sustentan la vida en la Tierra. Nuestro bienestar consiste en vivir en comunidades sostenibles, humanas y naturales y esto requiere políticas y comportamientos que hagan que la población y el desarrollo estén en armonía con el paisaje. Va a ser difícil preservar la paz entre nosotros si no estamos en paz con nuestro medio ambiente.

No sólo queremos "riquezas", sino una "vida rica" y un respeto adecuado para con la biodiversidad en la Tierra, que enriquece la vida humana. Hay algo subjetivo, algo filosóficamente ingenuo –y, en un momento de crisis ecológica, incluso peligroso– en vivir en un marco de referencia en el que una especie se considera absoluta y valora los restantes elementos de la naturaleza en función de su potencial de producir valor para ella misma. Los seres humanos pertenecen al planeta y su predominio irá en aumento. Pero nosotros los humanos, aunque seamos dominantes, queremos formar parte de algo más grande, y esto sólo lo conseguiremos retrocediendo de vez en cuando para reconocer los valores intrínsecos de la naturaleza. Si no lo hacemos, o hasta que no lo hagamos, no podremos saber verdaderamente quiénes somos y adónde vamos. No es simplemente lo que una sociedad hace a sus pobres, a los niños o a las mujeres, a sus inmigrantes y minorías, a personas con incapacidades físicas o mentales, a los esclavos o a las futuras generaciones lo que revela el carácter de esa sociedad, sino lo que hace a su fauna, su flora, sus especies, sus ecosistemas y sus paisajes. Nos llamamos a nosotros mismos *homo sapiens*, la especie sabia. Pero ninguno de nosotros será verdaderamente sabio si ignora los valores intrínsecos de la naturaleza.

Las Naciones Unidas deben unir a todas las naciones para encontrar el modo de vivir en esta Tierra singular, tanato a nivel local como global. Una biosfera sostenible es la base del desarrollo sostenible, y tiene prioridad sobre éste. La UNESCO puede mostrar la vía en lo tocante a la relación de las naciones con la naturaleza, exigiendo una reorganización radical de nuestra educación, nuestra ciencia y nuestra cultura. Éste es nuestro programa más crítico para el próximo siglo, para el próximo milenio.

BIBLIOGRAFÍA

Boutros-Ghali, B. 1992a. Pasajes de la declaración final, Conferencia de las Naciones Unidas sobre Medio Ambiente y Desarrollo, Río de Janeiro, 14 de junio. Documento de las Naciones Unidas, ENV/DEV/RIO/29, pp. 1.

———. 1992b. Texto completo de las declaraciones finales, Conferencia de las Naciones Unidas sobre Medio Ambiente y Desarrollo, Río de Janeiro. *Informe de la Conferencia de las Naciones Unidas sobre Medio Ambiente y Desarrollo.* Documento de las Naciones Unidas, A/CONF.151/26, vol. IV, pp. 66-69.

CMMAD (Comisión Mundial sobre Medio Ambiente y Desarrollo). 1987. *Nuestro futuro común.* Segunda reimpresión. Madrid, España, Alianza Editorial.

Collins, M. 1980. Prefacio. R. A. Gallant (ed.), *Our Universe.* Washington, D.C., National Geographic Society.

Kelley, K. W. (ed.). 1988. *The Home Planet.* Reading, Mass., Addison-Wesley.

Leopold, A. 1968. *A Sand County Almanac: With Essays on Conservation from Round River*, Nueva York, Oxford University Press. (Primera publicación en 1949).

LA ÉTICA AMBIENTAL Y LA SOSTENIBILIDAD GLOBAL

Robin Attfield

DEFINICIONES Y CONCEPTOS CLAVE

La ética ambiental consiste en el estudio de las cuestiones y principios normativos relacionados con las interacciones de los seres humanos con el ambiente natural, y con sus contextos y consecuencias. Es un sector crucial de la ética aplicada, implícitamente necesario para la orientación de los individuos, las sociedades y los gobiernos de cara a determinar los principios que afectan a sus políticas, sus estilos de vida y sus acciones en toda la gama de problemas ambientales y ecológicos, y a evaluar de estas acciones, estilos de vida y políticas.

Los problemas ecológicos resultan del trato de los seres humanos con los sistemas del mundo natural. Algunos ejemplos familiares son la contaminación, el agotamiento de los recursos naturales, la destrucción de las especies y la vida silvestre, así como el aumento de la desertificación. Cuando empezó a utilizarse la expresión "problemas ecológicos", en los años sesenta y setenta, a menudo estos problemas parecían relativamente de poca dimensión y localizados, pero hoy en día es difícil resistir a la impresión de que tanto su alcance como su extensión son globales, y que lo que está en juego es nada menos que el futuro del planeta. Desde luego, estos problemas son en parte de carácter científico, pero la ciencia y la tecnología por sí solas no pueden resolverlos, porque se trata de lo que se *debe* hacer, y el intento de solucionarlos implica recurrir a valores y principios éticos, y por consiguiente a la ética ambiental.

CONSECUENCIAS PARA LA TEORÍA ÉTICA

Si queremos luchar contra estos problemas ecológicos y hacer frente a las muchas prácticas humanas que los perpetúan o facilitan, tendremos que efectuar algunas revisiones profundas en la teoría ética tradicional. Hemos de considerar los resultados previsibles, tanto positivos como negativos, tratando de prever el futuro mucho más de lo que lo ya lo hicimos, porque nuestras acciones podrían dañar el ambiente natural de las generaciones futuras por un lapso de hasta un millón de años (por ejemplo, con la descarga de emisiones radiactivas). Esto tiene una consecuencia inmediata en la práctica habitual de los economistas de actualizar geométricamente los costos y beneficios futuros mediante una tasa de actualización social. Siempre que esta tasa sea un porcentaje no trivial, los intereses futuros a más de treinta años vista no se tendrán suficientemente en cuenta y los intereses del futuro remoto se pasarán simplemente por alto, pero toda práctica que genere esos resultados es inaceptable (Parfit, 1983). Ello tiene también una consecuencia importante a nivel teórico para toda la gama de "pacientes morales" (entidades a las que debemos conceder consideración moral) que los agentes deben tener en cuenta; porque esta gama ha de incluir, más allá de cualquier persona actualmente viva o concebida, a todos aquellos a los que pueda dar vida la generación actual o nuestros sucesores en un futuro tan lejano como el que alcancen los impactos previsibles de la acción en curso. Los filósofos ofrecen teorías distintas de la gama de pacientes morales (incluidos los futuros): los comunitaristas tratan de incluir solamente a aquellos que compartan las actuales tradiciones o relaciones, mientras que los universalistas o cosmopolitas no reconocen estas limitaciones (Dower, 1998). Como quiera que los impactos futuros de las acciones presentes no conocen límites, la posición más incluyente y universalista, que abarca a todos los afectados, parece preferible.

Otra consecuencia importante a nivel teórico, que ya aparece implícitamente en la mención de las generaciones futuras que acabamos de hacer, es que los miembros de especies no humanas (tanto presentes como futuros) tienen una condición moral o, en otras palabras, deben respetarse y sus intereses han de tenerse en cuenta cuando se tomen las decisiones. Si no se hace así, nuestra comprensión de los problemas ecológicos se limitará a los impactos en los intereses humanos, como si la destrucción de especies que no tienen ningún impacto en los intereses humanos no representara en modo alguno un problema. Si bien la mayor parte de extinciones de especies causarían algún impacto en la humanidad, pueden haber extinciones que no ocasionen ese tipo de impacto, y ésas son consideradas cada vez más como objeto de lamentación, si no de horror. Los filósofos ambientales que no aceptan la extinción de especies por motivos independientes de los intereses humanos no coinciden en admitir que las especies tienen o no una condición moral independientemente de sus miembros, pero probablemente todos aceptan que por lo menos sus miembros tienen una condición moral (posición biocéntrica), y esto incluye a los miembros tanto futuros como actuales. Sin embargo, algunos filósofos ambientalistas no admiten esto, y tratan de relacionar todos los problemas del entorno con los intereses humanos, añadiendo a veces que las políticas resultantes de este antropocentrismo no se diferencian en nada de las implícitas en el biocentrismo (Norton, 1991). Por mi parte, yo afirmo aquí, y he afirmado en otras partes (Attfield, 2003) que sí pueden diferenciarse. Parece prudente pues incluir a las criaturas no humanas o a los seres vivos en la nómina de poseedores de la condición moral, por si acaso todos estos argumentos tuvieran algo de verdadero.

La adopción consciente de este enfoque permite pues plantear un problema más profundo, el de la necesidad de evitar las secuelas de la metafísica antropocéntrica, tan pasada de moda. Muy pocos creen todavía que el mundo fue creado al servicio exclusivo de la humanidad, ahora que se admite generalmente que los textos sagrados judíos y cristianos son portadores de un mensaje contradictorio (véase, por ejemplo, Glacken, 1967). Pero las consecuencias de esta creencia subsisten en la extendida opinión de que la naturaleza terrestre sólo comprende los recursos naturales, disponibles sin límite alguno para el uso o para los fines humanos o, como dicen los economistas, el capital natural, que lleva consigo implícitamente un valor de intercambio y por consiguiente un valor como mucho instrumental. Los intentos de suavizar esta posición, declarando que una parte de este capital es un "capital natural crítico", reconocen que la biosfera no es intercambiable, pero aun así no consiguen eludir un enfoque instrumentalista. Lo que necesitamos ahora es reconocer que las criaturas vivas tienen una condición moral. La posible solución de declarar que la naturaleza no contiene en absoluto recursos, si bien es comprensible, introduce un nuevo elemento de confusión, como si de alguna manera fuera posible que la humanidad viva y prospere sin interactuar con el medio natural ni hacer uso del mismo. Lo que debemos reconocer, en cambio, es que la naturaleza tiene varias funciones, incluidas la de despensa o laboratorio, pero también las de santuario, tesoro y hábitat.

No es sorprendente pues que el concepto de valor intrínseco haya desempeñado un papel central en la ética ambiental, tanto más cuanto que se aplica a todo lo que merece la pena promover, o preservar por su propia naturaleza, tenga o no un valor instrumental y sea o no una fuente de valor estético para los humanos. Los pragmatistas han puesto en duda la coherencia de esta noción y la claridad de la distinción entre éste y otros tipos de valor. Sin embargo, toda teoría de la ética necesita una descripción de lo que tiene valor intrínseco, ya que de lo contrario no se podría atribuir valor a nada ni se podría reconocer ningún valor en el marco teórico. El hecho de que algo pueda valorarse, en sí mismo y por sus efectos, o por el placer que da, no ha de impedirnos reconocer que existe una razón para valorarlo intrínsecamente. (Probablemente las teorías de la ética también necesitarán una descripción de los grados del valor intrínseco, pero esta descripción no podemos hacerla aquí. El hecho de que el valor intrínseco exista con grados distintos de fuerza y de concentración explica que su extendida presencia no haga trivial la invocación de dicho valor). Cuando hay razones para reconocer el valor intrínseco, las hay también para entrar en acción y aplicar las políticas y prácticas correspondientes; así pues, las descripciones del valor intrínseco contienen las razones para la acción y (cuando las actitudes de las personas corresponden a estas razones) sus motivaciones. En este caso, podremos adoptar una descripción cognitivista del valor intrínseco (reconociendo que puede haber verdades acerca del mismo, y que puede conocerse su presencia) sin tener que conceder a los críticos que esto, en cierto modo, hace que la conciencia de este valor sea inerte e incapaz de incitar a la gente, a las asociaciones y a los gobiernos a entrar en acción. Mi opinión es que lo que tiene valor intrínseco es el florecimiento o el bienestar de las criaturas vivas (presentes y futuras); esto es algo que, en todo caso, tiene sentido reconocer, promover y preservar. Esta posición biocéntrica sienta las bases para el proceso de conservación de las especies y los hábitats y para tratar de evitar la perturbación injustificada de los ecosistemas, como cabe esperar de una ética ambiental. El hecho de que nos dé también las razones para conservar las especies modificadas por el hombre y proteger muchos ecosistemas de origen cultural no es un problema, sino más bien una prueba del ingenio del hombre.

En un ensayo reciente de David Carr (2004) hay algunas observaciones interesantes sobre la necesidad y los medios de apreciar el valor intrínseco. Las actitudes y postulados antropocéntricos han desalentado la apreciación de la belleza natural e incluso nuestra percepción de la naturaleza tal como es. Los profesores, además de enseñar a apreciar el arte, la música y la poesía, deberían dar oportunidades para la apreciación estética de la naturaleza, junto con las artes y la literatura que la celebran. De este modo la gente aprenderá a reconocer la perla de gran precio cuando pasen delante de ella.

Aquí conviene añadir que, al igual que una perla, el valor intrínseco puede y debe reconocerse y apreciarse y que (por lo menos si lo que hemos dicho antes es cierto) existe independientemente de la apreciación y la valoración humana. Aquellos que tienden a pensar que el valor ha de ser una función del juicio humano y que, por consiguiente, depende de él, han de aceptar el postulado más bien poco plausible que de ello se infiere: que nada, ni la salud ni el dolor, tiene un valor positivo o negativo hasta que los valoradores humanos le conceden uno. Concluyo entonces (al igual que Rolston, 1997) que no podemos más que adoptar una visión objetivista del valor, sea intrínseco o de cualquier otra clase (véase también Attfield, 2001). Si bien hay discrepancias en cuanto a la ubicación del valor intrínseco, esto no nos debe conducir a adoptar una interpretación relativista o constructivista del propio valor. Y, si bien hay muchas trampas latentes cuando el razonamiento pasa de los hechos a los valores, hemos de sostener en todo momento que la naturaleza no carece de valor, y que este valor es un hecho.

En relación con el tema del valor intrínseco y las cuestiones conexas, desearía recomendar la fórmula utilizada en la Carta de la Tierra (propuesta por la Unión Internacional para la Conservación de la Naturaleza, UICN, llamada ahora Unión Mundial de la Conservación). La Carta no utiliza explícitamente la expresión "valor intrínseco", probablemente porque es demasiado controvertida para obtener una aceptación internacional, pero adopta una fórmula que manifiesta lo mismo en su enunciado, "Respetar la Tierra y la vida en toda su diversidad" (UICN, pág. 2):

> Reconocer que todos los seres son interdependientes y que toda forma de vida, independientemente de su utilidad, tiene un valor para los seres humanos.

No hay nada antihumano en la Carta, cuyo segundo principio dice lo siguiente:

> Afirmar la fe en la dignidad inherente a todos los seres humanos y en el potencial intelectual, artístico, ético y espiritual de la humanidad.

Quisiera sugerir que la División de la Ética de la Ciencia y la Tecnología considere la posible adopción de este documento normativo, o por lo menos de esta parte del texto cuidadosamente escrito de la Carta de la Tierra, para abordar las espinosas cuestiones del valor intrínseco y la relación de la humanidad con la naturaleza.

EL DESARROLLO SOSTENIBLE Y LA CONSERVACIÓN DE LA BIODIVERSIDAD

Cuando se la considera sólo como un recurso surgen problemas, ya mencionados anteriormente. Existe una política que, en teoría, podría preservar a perpetuidad los bosques actuales al tiempo que se explotan sus productos: es la política del máximo rendimiento sostenible. Con esta práctica, los seres humanos aceptan no extraer de un recurso renovable como el bosque más de lo que su regeneración natural pueda reemplazar antes de la próxima tala. Así pues, siempre que todo el mundo respete este límite máximo, tanto las actuales como las futuras generaciones podrán aprovechar este rendimiento sostenible. Como es bien sabido, las políticas del rendimiento máximo sostenible también son aplicables a rebaños de renos y a bancos de pesca, aunque en el caso de estos últimos la mayoría de los intentos de aplicarlas –en torno a los grandes bancos de Terranova, en las pesquerías de anchoas de la corriente de Humboldt frente a la costa occidental de Sudamérica, o en la antigua pesquería de bacalao del Mar del Norte– no parecen haber dado resultado.

Estas políticas de rendimiento máximo adolecen de deficiencias endémicas, desde luego, algunas de las cuales mencionaré más adelante. Sin embargo, también hacen pensar que es posible encontrar medios sostenibles de vivir con la naturaleza y de obtener cosechas que puedan satisfacer las necesidades humanas actuales y permitan invertir en escuelas, hospitales y otras instituciones que los países necesitan desarrollar de un modo sostenible. Estas políticas pueden servir, obviamente, de plataformas o componentes de otras políticas generales de desarrollo sostenible, incluso reconociendo que este último concepto implica una sostenibilidad económica y social, amén de ecológica. Los especialistas en ética ambiental no pueden cerrar los ojos a la importancia ética del desarrollo cuando éste atañe a procesos participativos que permiten a los países y a sus pueblos eludir la pobreza, la malnutrición, las enfermedades endémicas, el analfabetismo y otros males afines. No se trata de resistirse al desarrollo, sino de conciliarlo con objetivos ambientales, entre ellos la sostenibilidad. Y como casi todos los países aceptaron los principios del desarrollo sostenible proclamados en la Cumbre de Río de 1992, y están comprometidos a ciertas formas de desarrollo sostenible que, como veremos en breve, son internacionalmente coherentes, es importante que en sectores clave como la silvicultura las prácticas sostenibles sean por lo menos una posibilidad teórica.

Pasemos ahora a considerar las deficiencias endémicas de las políticas del máximo rendimiento sostenible. Entre los problemas planteados figura el hecho de que la gente se equivoca una y otra vez al calcular el rendimiento máximo que puede obtenerse sin riesgos, o, aunque no cometan un error de cálculo, no se autorizan un margen de seguridad suficiente. Cuando se conjuga este factor con la frecuente renuencia a observar la necesaria prudencia y aplicar las políticas convenidas, sobre todo en casos como el de la pesca, en el que la observancia de las normas es sumamente difícil, no es de extrañar que el margen racional de los acuerdos sea inadecuado y permita que se vacíen los océanos, o más bien los caladeros tradicionales. Debido a la conjunción de los problemas de error de cálculo, falta de precaución y renuencia a cumplir las normas, es evidente que estas políticas necesitan un alto grado de reglamentación y observancia a nivel nacional, y también al nivel internacional correspondiente. Al propio tiempo, los planificadores tienen que prestar mucha atención al principio de precaución, y estar pendientes en todo momento de la posibilidad de traspasar los umbrales y autorizar un cambio irreversible (véanse más adelante las consideraciones relativas al principio de precaución).

Un segundo grupo de problemas afecta a las políticas de sostenibilidad en general. Las prácticas sostenibles, que en principio pueden perpetuarse sin límite alguno, se basan en la premisa de que los factores contextuales no varíen. En algunos casos esta premisa puede darse verdaderamente por sentada, como en el supuesto de que las leyes de la naturaleza no van a cambiar. Por ejemplo, las constantes gravitacionales afortunadamente no fluctúan o sólo lo hacen cuando se producen catástrofes cósmicas extraordinarias. Sin embargo, a menudo ocurre que otros factores de base no permanecen inalterados, como es el caso de la estabilidad política (como las frecuentes guerras internacionales, las revoluciones y las guerras civiles). Así por ejemplo, hubo un tiempo en que las reservas naturales de la República Democrática del Congo eran potencialmente estables y sostenibles, mientras que ahora es casi seguro que quedan muy pocas. Otras prácticas sostenibles en entredicho son, probablemente, las de la silvicultura. Incluso en los países que no padecen conflictos militares, a veces las crisis económicas tienen un impacto igualmente grave; y hay indicios sobrados de que, en muchos casos, el endeudamiento ha predispuesto a los países a talar los bosques antiguos (George, 1992, pág. 10). Además, este problema no se limita a los países en desarrollo. En el ansia por privatizar los bienes del Estado, en Siberia se está procediendo a una tala intensiva de bosques, entre otras cosas para pagar parte de la deuda de la Federación de Rusia. Otro factor de base que presuponen las políticas de sostenibilidad es la estabilidad del clima. Sin embargo, cada vez está más claro que la estabilidad está dando paso a un vasto cambio climático, generado casi con toda seguridad por prácticas humanas no sostenibles, realizadas a menudo en partes del mundo muy alejadas entre sí. De ahí que la preservación de los bosques dependa del logro de la paz y de la solución del problema del cambio climático antropogénico. La UNESCO podría considerar la posibilidad de referirse a estos problemas en sus declaraciones sobre medidas y políticas; más adelante trataré de la ética del calentamiento global.

Hay una tercera serie de problemas que afectan a las políticas del máximo rendimiento sostenible. Estas políticas, como señalé anteriormente, dependen también de la premisa de que el bosque es un recurso, en el sentido de un bien consumible o de un activo que se libra del consumo inmediato, pero que está disponible para otros usos humanos (por ejemplo, como existencias o reservas que se utilizarán más adelante). No obstante, si los bosques son en principio consumibles, no puede haber muchas esperanzas para un gran número de especies que habitan en ellos, puesto que su hábitat se verá probablemente sacrificado al consumo humano. Y, aunque se reconozcan algunos límites al consumo, en lo relativo tanto a las especies como al volumen de madera extraído, límites establecidos quizá por razones de apreciación estética (por ejemplo, el ecoturismo), el carácter de los bosques probablemente cambiará y los ecosistemas resultarán alterados. Para decirlo de otra manera, si las criaturas vivas del bosque tienen un valor independiente de los beneficios que aportan a la humanidad, es necesario imponer limitaciones a las políticas del máximo rendimiento sostenible, aun en el caso de que los otros problemas que afectan a esas políticas sean insignificantes. Si entre nuestros objetivos figura la conservación de la mayoría de las especies de criaturas vivas y una injerencia mínima en sus ecosistemas y hábitats, de todo ello se desprende que el bien humano no es el único criterio de la sostenibilidad ecológica y, por ende, de las políticas y prácticas de desarrollo sostenibles bien entendidas.

Andrew Dobson ha preparado un útil diagrama de los enfoques de la sostenibilidad (2001, pág. 529). En cuatro columnas, nos ofrece respuestas distintas a preguntas tales como "¿Qué hay que sostener?". No es probable que los que aceptan el anterior argumento respondan a esta cuestión como se hace en las dos primeras columnas, según las cuales lo que hay que sostener es: "el capital total (de origen humano y natural)" (implícitamente sin límites a la sustitución) o bien "el capital natural crítico". La respuesta de la tercera columna, "el capital natural irreversible" puede ser más tentadora, pero aún requiere que la naturaleza se considere como un capital por uno u otro concepto. Esto nos deja la respuesta de la cuarta columna, "las unidades significativas", respuesta concebida para admitir el reconocimiento del valor intrínseco. Esta respuesta también tiene aspectos favorables, que se mencionan en los recuadros inferiores, por cuanto permite que intereses no humanos sean sujeto de preocupación primordial al igual que los intereses humanos, y "evita el debate sobre la posibilidad de sustitución". La UNESCO debería considerar la posibilidad de incluir este diagrama en sus propuestas prácticas, aunque añadiendo un comentario adecuado en el que se recomienden las respuestas de la cuarta columna o, alternativamente, las de la tercera, por si los políticos que lo consideren ulteriormente insisten en adoptar el enfoque (digamos) de la primera columna, comprometiéndose a sustituir sin límite alguno el "capital natural", como los árboles orgánicos, por capital humano como árboles de plástico.

En las páginas de la revista *Environmental Values* se sostuvo un importante debate en los años 1994 y 1995 acerca de las ventajas e inconvenientes respectivos de una sostenibilidad fuerte o débil. Mientras que la sostenibilidad débil no impone ninguna limitación a esta sustitución, siempre y cuando la reserva total de capital aumente, la sostenibilidad fuerte sí impone límites cuando, de no ser así, el capital natural o el capital de origen humano escaseen. Wilfred Beckerman abrió el debate afirmando que, mientras que la sostenibilidad débil es superflua porque sus productos son los mismos que los de la economía convencional, la sostenibilidad fuerte es inmoral porque puede preferir la preservación de cualquier especie a las medidas destinadas a aliviar la pobreza (Beckerman, 1994). Respondiendo a Beckerman, Herman Daly y Michael Jacobs se declararon de acuerdo con él sobre la sostenibilidad débil, aunque yo creo que sus defensores podrían alegar que se diferencia de la economía convencional en la libertad de reconocer lo que llaman el "valor de existencia". Pero el "valor de existencia", que está basado en lo que los humanos estarían dispuestos a gastar o a recibir en compensación, no mide en todo caso el valor intrínseco, por lo que este argumento es muy vulnerable. Daly y Jacobs alegaron también que la imagen dada por Beckerman de la sostenibilidad fuerte da un peso absurdo a los argumentos contrarios a la débil. No es necesario que los que defienden la sostenibilidad fuerte se comprometan a preservar todas y cada una de las especies de escarabajos (el ejemplo de Beckerman) para resistirse a la sustitución por productos que escasean en la naturaleza (Daly, 1995; Jacobs, 1995). Este enfoque se presta también a críticas, porque ni Daly ni Jacobs reconocen el valor intrínseco de la naturaleza, aunque su posición es plenamente compatible con este reconocimiento. Es más, el valor intrínseco de la naturaleza podría ser una de las razones para resistirse a la sustitución; otras serían la necesidad de evitar un daño irreversible a los sistemas naturales y, como hemos visto antes, la escasez económica. Me parece que sobre esta base podemos aceptar la teoría de la sostenibilidad fuerte, sin pensar por ello en no decir todo lo que tiene que decirse acerca del valor de la naturaleza.

Alan Holland defendió la clase de sostenibilidad fuerte que Daly rechaza, la sostenibilidad absurdamente fuerte, sosteniendo que hay que honrar y respetar hasta la última partícula de la naturaleza, incluidas todas las especies (Holland, 1997). Este criterio podría ofrecer un argumento muy fuerte en pro de la conservación de la biodiversidad (tanto si Holland está de acuerdo con él como si no lo está). No obstante, las políticas de la preservación de la biodiversidad pueden defenderse con razones mucho menos exigentes. Así por ejemplo, las especies de los bosques húmedos tropicales suelen estar tan localizadas que con este criterio cualquier forma de desarrollo (como la construcción de una clínica para vacunar a los niños contra la malaria) podría prohibirse por la posibilidad de que especies enteras (de árboles, epifitos o insectos) quedaran erradicadas. Pero el valor intrínseco que representa una vida sana para estos niños también debe tenerse en cuenta, y en muchos casos será suficiente para contrarrestar el valor intrínseco de los miembros presentes y futuros de la especie de que se trate. Así pues, la clínica debe construirse allí donde el rendimiento sea mayor, aunque con ello se ponga en peligro una especie localizada. En consecuencia, yo estoy de acuerdo con la opinión de Daly de que una sostenibilidad absurdamente fuerte es en efecto absurda, pero que hace falta aplicar políticas de sostenibilidad fuerte para resguardar los sistemas naturales y, en general, las especies y las subespecies, y evitar la perturbación de los hábitats, así como conservar los recursos naturales que los seres humanos puedan utilizar en el futuro.

Por lo tanto, este enfoque de la sostenibilidad puede servir de base a una serie de políticas de preservación de la biodiversidad, incluyendo planes para proteger las especies en peligro de extinción contra las actividades comerciales y la caza furtiva. Como he explicado en otro lugar (Attfield, 1999), la tasa actual de pérdida de especies es desastrosa, y ocurre que una gran cantidad de especies se han extinguido incluso antes de ser descubiertas (probablemente la mayoría de las especies permanecen sin identificar). Las políticas consistentes en ampliar las reservas naturales existentes, en el sentido de establecer zonas reglamentadas en las que las especies, las subespecies y los hábitats están protegidos, también están justificadas. De ello no se sigue que deba prohibirse a los habitantes de los bosques entrar en estas zonas o vivir en ellas, y a menudo será posible incluso hacerles guardabosques de la zona protegida, permitiéndoles que se ganen la vida con prácticas ecológicamente aceptables. En cambio, formas de preservacionismo excesivamente puristas muchas veces son contraproducentes y, en último término, no preservan nada.

Pero ¿cómo hemos de interpretar la expresión "desarrollo sostenible"? Algunas definiciones propuestas que se basan, sensatamente, en la mejora de la calidad de la vida fomentan la opinión de que el desarrollo sostenible implica un incremento perpetuo del bienestar humano, y que cada generación gozará de una calidad de vida superior a la de su predecesora. Es más, esta interpretación es la que indujo a Wilfred Beckerman (1999) a rechazar el desarrollo sostenible por entender que da preferencia, impropiamente, a las generaciones futuras. Es bastante fácil comprender cómo se llega a este concepto si se interpreta el "desarrollo" como un proceso de mejora, que "sostenible" hace perpetuo. Pero ésta no era evidentemente la intención de la Comisión Mundial sobre Medio Ambiente y Desarrollo que preparó el Informe Brundtland de 1987 (CMMAD, 1987), ni la de la Cumbre de Río de 1992, ni la de las cumbres sucesivas de 1997 y 2002. No son los procesos de crecimiento los que han de ser sostenibles, ni siquiera cuando se reconoce que en este término está implícita una sostenibilidad social y ecológica a la par que económica. Parece preferible la interpretación de Alan Carter, según la cual se trata de hacer sostenible el desarrollo mediante un proceso que permita vencer plagas como la pobreza y la malnutrición y disfrutar de una calidad de vida decente. El desarrollo sostenible puede y debe entenderse en el sentido de alcanzar ciertos niveles de satisfacción de las necesidades humanas (desarrollo) que son, o se consideran, una condición previa de prácticas o estilos de vida sostenibles (sostenibilidad social, económica y ecológica) (Carter, 2000). Ello implica la satisfacción de necesidades humanas básicas mediante procesos sostenibles de producción, consumo, preservación de la biodiversidad y vida social. Aunque estoy en desacuerdo con Carter sobre otras cuestiones, me complace reconocer que en esto coincidimos.

Sin embargo, la ética ambiental puede contribuir más directamente a hacer sostenible el mundo, recomendando procedimientos equitativos para combatir el calentamiento global. Informes sucesivos del Panel Intergubernamental sobre Cambio Climático (IPCC) confirman lo siguiente: el calentamiento global es parcialmente de orígen humano; es probable que muchas tierras bajas dejen de ser habitables; muchas especies tienen que emigrar para no perecer; los fenómenos climatológicos extraños probablemente serán mucho más frecuentes; y las principales víctimas humanas viven en las naciones más pobres donde enfermedades de origen vectorial como la malaria, la disentería y la salmonela se están propagando y en muchas regiones escapan a todo control (Brown, 2002). Hará falta un cierto tipo de acuerdo internacional, más enérgico que el Protocolo de Kyoto de 1997, en el que participen posiblemente países en desarrollo tales como China y la India. El único medio verdaderamente equitativo de compartir los gastos de la reducción de las emisiones de gases de efecto invernadero es repartir por igual el volumen total permisible de las emisiones entre los seres humanos, y asignar una fracción adecuada de este total a los gobiernos concernidos, al tiempo que se reduce gradualmente el volumen permitido hasta alcanzar la disminución del 60% recomendada por el IPCC. Este procedimiento es llamado en general de "contracción y convergencia" porque, además de reducir las emisiones totales, facilita el ingreso en un régimen internacional de países en desarrollo de los que, en 1990, no podía esperarse que participasen en las cuotas proporcionales a las emisiones, fijadas en Kyoto. El respaldo de los mencionados principios por parte de la UNESCO podría ser fundamental para promover este importantísimo acuerdo internacional. La UNESCO debería considerar también la posibilidad de apoyar investigaciones éticas sobre cuestiones conexas, como la de saber cuáles son los niveles aceptables de concentración atmosférica de los gases de invernadero y qué dispositivos internacionales serían admisibles para facilitar la transición a una economía mundial menos contaminante. Donald A. Brown (2002) ha enumerado varias de estas cuestiones.

OBLIGACIONES CON LAS GENERACIONES FUTURAS

Tratemos ahora brevemente un tema más filosófico, el de la base en que se sustentan nuestras obligaciones con las generaciones futuras (humanas o no). Hace algún tiempo, Thomas Schwartz negó que fuera posible causar daño a la mayoría de los miembros de las generaciones futuras, porque sólo existirán en los tiempos venideros y no les puede ir mejor o peor de lo que les irá. En consecuencia, no estamos obligados con ningún miembro de estas generaciones (Schwartz, 1978, 1979). Este problema, que Dereck Parfit denomina el "problema de la no identidad" dio pie al llamado "principio de la ausencia de perjuicio a la no persona", principio que propuso originalmente Jan Narveson, según el cual sólo deben tenerse en cuenta las personas existentes (o, podía haber añadido, otras criaturas), y no las potenciales. En la categoría de personas existentes (u otras criaturas) están incluidos individuos futuros que ya han sido concebidos, pero no aquellos que pueden o no concebirse (Parfit, 1984). (Se supone que este principio resuelve el problema de la posible obligación de generar un número excesivo de personas para obtener un máximo de felicidad o de cualquier otra cosa que haga que la vida valga la pena). Sin embargo, Parfit recurre a pensamientos experimentales para rebatir este principio, y manifiesta que debemos tener en cuenta la calidad de la vida de cualquier ser humano que exista en el futuro, porque de lo contrario rechazaremos, como hace Schwartz, la obligación hacia cualquier persona que viva después del siglo actual. De tal manera que en vez de estar obligados básicamente a evitar un daño, a lo que estamos obligados es a impedir que la calidad de la vida de cualquier ser vivo sea significativamente menor de lo que podría haber sido. Si se aplica este criterio a los miembros de todas las especies, y no sólo a la especie humana, lo considero convincente e importante. Por decirlo en otras palabras, con un vocabulario distinto al empleado por Parfit, las personas potenciales y otras criaturas del futuro tienen una condición moral, y puede haber obligaciones no tanto hacia ellas (porque esto no tendría sentido) sino respecto a su calidad de la vida y/o su bienestar. A mi juicio, ésta es una de las principales contribuciones de la ética ambiental a la filosofía.

Ha habido otros análisis del principio de existencia de obligaciones para el futuro, pero la mayoría de ellos no resuelven el problema de la no identidad. Por ejemplo, los planteamientos kantianos dependen de la posibilidad de respetar o no a entidades como las personas. No obstante, cuando se trata de personas potenciales, sus contemporáneos pueden o no respetarlas pero nosotros, sus predecesores, no estamos en condiciones de hacerlo, porque o bien les daremos la vida o bien daremos la vida a otro conjunto con diferentes perspectivas. Los enfoques basados en los derechos están aquejados de problemas similares, porque los derechos sólo tienen sentido cuando es posible respetarlos o no respetarlos, pero esta opción no existe para las personas futuras. Ya hemos visto cómo los principios del daño están sujetos al mismo problema.

Sin embargo, algunos filósofos vacilan en reconocer responsabilidades respecto a personas potenciales u otras criaturas. Alan Carter es uno de ellos. Una solución que propone este autor es invocar los principios que exigen que se evite el daño porque las generaciones futuras pueden existir en más de un mundo posible y, por consiguiente, podrían estar en mejores o peores condiciones en un futuro o en otro (Carter, 2001). Técnicamente, yo creo que Carter tiene razón, pero no es mucho lo que se consigue con este enfoque, porque no es plausible que nuestras obligaciones se limiten a evitar el daño a poblaciones futuras que podrían haber vivido en otro futuro, cuando podemos influir en la calidad de la vida de miles de millones de personas posibles, algunas de ellas ocupando más de un futuro y otras uno solo. Las políticas que elijamos acerca del calentamiento global y la producción de energía, por ejemplo, crearán diferencias en la calidad de la vida de las posibles poblaciones del futuro, tanto si existen en más de un futuro como si no es así.

Lawrence Johnson hace otra propuesta. Nuestras indudables obligaciones hacia las generaciones futuras están basadas en obligaciones hacia la especie *homo sapiens* (Johnson, 2003). Empero, aunque esto fuera verdad, de poco nos ayudaría porque apenas ofrece orientaciones, si es que ofrece alguna, sobre el futuro humano en el que debemos proyectarnos: por ejemplo, ¿tenemos que pensar en una población mundial de seis mil millones, ocho mil millones o diez mil millones de habitantes? Y es que cada uno de estos futuros comprendería el futuro del *homo sapiens*, si se realizara. Es cierto que la calidad de la vida de los individuos será probablemente mejor si conseguimos limitar la población a un número de habitantes muy inferior a los diez mil millones, pero esto no es consecuencia de un deber hacia la especie, sino una consideración sobre el bienestar de sus posibles miembros. Además, yo dudo que, en cualquier caso, tengamos deberes hacia las especies que no sean deberes hacia sus miembros, reales y posibles. Es cierto que nuestros deberes van más allá de los deberes hacia la población actual y que la humanidad es algo más que las personas que ahora están vivas. Pero, una vez agregadas las posibles generaciones del futuro, no está claro que queden deberes que no se hayan tenido en cuenta. Por ejemplo, el posible deber de garantizar que todos los vivientes tengan buenas perspectivas de salud física y mental puede interpretarse como un deber de verificar que los que viven tienen la calidad más alta de vida posible y, por ende, que se da la vida a personas con esas calidades más que a una población entera que probablemente carecería de ellas.

Así pues, yo diría que no es necesario invocar las colectividades o su bienestar para encontrar la base de las obligaciones relacionadas con el futuro. El problema de la identificación de esas obligaciones es complejo, pero apelar al interés general no ayuda a resolverlo. Tampoco ayuda la invocación del bienestar mediano ni las consecuencias de obtener un máximo de bienestar. Y es que, como demostró hace tiempo Richard Sikora, esto podría forzar a la gente a no tener hijos, si esta fuera la manera de mantener el bienestar mediano, con el consiguiente riesgo de extinción de la especie humana (Sikora, 1978). Por lo tanto, la teoría de que debe obtenerse un máximo de vida que valga la pena vivir, o de calidad de vida entre las personas y otras criaturas, reales o posibles, parece el mejor medio de abordar los problemas teóricos y prácticos que se nos plantean. A continuación se exponen algunas de las consecuencias de todo esto.

EL PRINCIPIO DE PRECAUCIÓN

Quisiera referirme brevemente a un tema que la UNESCO está examinando por separado, pero que forma parte de la disciplina de la ética ambiental. Es necesario un principio que regule aquellos casos en los que exista el peligro de causar un daño grave e irreversible a la vida o a los ecosistemas antes de que se concierte un acuerdo científico, por la importante razón práctica de que este acuerdo podría llegar demasiado tarde. El principio de precaución autoriza la acción, incluida la de los gobiernos, para evitar este daño o lesión, y está enunciado en la Declaración de Río de 1992 (CNUMAD, 1992). Con frecuencia este principio está sujeto a ciertas reservas relativas a su eficacia en función del costo, pero estas reservas deberían evitarse cuando no sea posible calcular con precisión los costos de la inacción, y cuando es probable que los beneficiarios del *statu quo* vean estas cláusulas como un pretexto para no actuar.

Existen, desde luego, complicaciones filosóficas. Toda acción es irreversible de un modo u otro, y toda acción u omisión puede tener graves consecuencias en razón de sus efectos imprevisibles a largo plazo. Así pues, debemos especificar que se trata del riesgo de un daño o lesión irreversible y grave, en función de lo que es previsible. También plantean problemas las alegaciones de daños, ya que no es posible dañar a la mayoría de los miembros de las generaciones futuras; las referencias al daño deben interpretarse en el sentido de evitar que la calidad de vida de cualquier persona o ser vivo sea inferior a la que habría podido ser. Además, no podemos invocar este principio para escamotear todos los demás; puede haber casos en los que todas las opciones generen una u otra forma de daño irreversible, o que un gobierno cualquiera sea tan incompetente o tan corrupto que podamos prever que la acción no causará ninguna mejora, o que dará lugar a un incumplimiento de deberes más grave todavía. Así pues, el principio de precaución debe considerarse como un principio entre muchos, sin que ello disminuya su importancia.

Matthias Kaiser ha sugerido que el principio de precaución no impone ninguna forma específica de acción, porque se tomarán diferentes clases de medidas de limitación del daño según cuáles sean las opiniones acerca de la solidez o la vulnerabilidad de la naturaleza y la solidez o la vulnerabilidad de la sociedad (Kaiser, 1997). Este autor añade que, como esas opiniones dependen de los valores subjetivos de cada uno, no existe una objetividad de las decisiones basadas en el principio de precaución. A este respecto, Kaiser cita el ejemplo de las maneras de impedir que los salmones de cultivo escapen del estanque y se mezclen con salmones salvajes, indicando que el principio de precaución es neutral en cuanto al desplazamiento de la piscicultura del salmón a otros estuarios, impidiendo la interrelación por medios genéticos o prohibiéndola simplemente.

No puedo comentar este ejemplo porque no soy experto en la piscicultura en Noruega, pero muy bien se puede señalar la presunta subjetividad de las opiniones acerca del vigor y la capacidad de supervivencia de la naturaleza y la sociedad. Aunque la fuerza y la capacidad de supervivencia de las sociedades en forma relativamente inalterada varían, ello no depende del juicio de los observadores, sino de factores objetivos tales como la presencia de elementos de equilibrio y válvulas de seguridad. En general las democracias son más robustas que las dictaduras corruptas. En cuanto a los sistemas naturales, hay discrepancias sobre lo que estos sistemas pueden tolerar, pero también hay límites, como hemos visto en referencia al calentamiento global. Con frecuencia los observadores carecen de indicaciones suficientes que les permitan confiar en la robustez de la naturaleza, pero esto no quiere decir que se trate simplemente de una cuestión de opinión. De ahí que, cuando se invoca el principio de precaución porque hay razones para creer que existe un riesgo de daño irreversible a un sistema natural, la acción que se emprenda deberá ajustarse a consecuencias objetivamente previsibles tanto para la naturaleza como para la sociedad, sin que sea necesario seguir debatiendo si la naturaleza es vulnerable o suficientemente resistente para recuperarse. (Como es natural se recuperará, pero quizá en una forma empobrecida).

Considerar sistemáticamente subjetivas las decisiones basadas en el principio de precaución pondría en peligro uno de los logros capitales de los últimos decenios. Con el Protocolo de Montreal relativo a las sustancias que empobrecen de la capa de ozono, tratado internacional que entró en vigor el 1º de enero de 1989, la humanidad acordó dejar de utilizar gradualmente los clorofluorocarbonos (CFC), antes de que se reconociera plenamente la existencia del agujero en la capa de ozono del hemisferio septentrional. Al tomar medidas con suficiente antelación, la comunidad internacional estuvo en condiciones de reforzar las disposiciones del Tratado cuando se obtuvieron nuevas pruebas. Este enfoque tiene que aplicarse a la cuestión aún más amplia del calentamiento global, a pesar de que los científicos, y también los economistas, todavía están discutiendo esta cuestión. En cierta medida ya se ha aplicado, porque desde la Conferencia de Berlín de 1995, en la que un número suficiente de países desarrollados acordaron tomar medidas, se han acumulado muchas pruebas. Ahora, justificar la inacción utilizando argumentos tales como que la Tierra ha sobrevivido a peores catástrofes, o que la sociedad no puede permitirse los costos de la lucha contra este fenómeno, sería un error trágico.

Concluye así mi análisis de la ética ambiental, lamentando que haya sido tan incompleto. Esto podría compensarse en cierta medida con la lectura de mi reciente libro *Environmental Ethics* (Attfield, 2003).

CONSECUENCIAS PARA LAS POLÍTICAS INTERNACIONALES

Ya he señalado varias consecuencias para las políticas internacionales, a saber:

1) hay que considerar la posible adopción de la Carta de la Tierra (UICN, 2000);

2) el desarrollo sostenible debe interpretarse de modo consecuente, es decir, como la sostenibilidad fuerte de Daly y de conformidad con la cuarta columna del diagrama de Dobson y con la interpretación de Alan Carter (Daly, 1995; Dobson, 2001; Carter, 2000); además es necesario limitar la deforestación y promover la preservación de la biodiversidad por medios que atraigan el apoyo de la comunidad forestal;

3) simultáneamente, para hacer frente al cambio climático antropogénico es necesario concertar un nuevo acuerdo que prevea políticas de contracción y convergencia y en el que participen los países en desarrollo sobre una base equitativa; las cuestiones éticas conexas, como ha señalado Donald A. Brown (2002), deben estudiarse bajo los auspicios de la UNESCO;

4) las políticas internacionales deben tener en cuenta las necesidades de las generaciones futuras, incluida la estabilización de la población a un nivel sostenible, y promover la planificación de la satisfacción de las necesidades de alimentos y agua potable; todo esto se indica implícitamente en mi estudio de las obligaciones hacia el futuro;

5) debe reconocerse que el principio de precaución es susceptible de aplicación objetiva, en particular en lo relativo al calentamiento global.

BIBLIOGRAFÍA

Attfield, R. 1999. "Biodiversity and preservation", en R. Attfield, *The Ethics of the Global Environment*. Edimburgo, Reino Unido, Edinburgh University Press, pp. 133-151.

———. 2001. "Postmodernism, value and objectivity", en *Environmental Values*, vol. 10, pp. 145-162.

———. 2003. *Environmental Ethics: An Overview for the Twenty-First Century*. Cambridge, Reino Unido, Polity Press y Malden, Mass., Blackwell.

Beckerman, W. 1994. "Sustainable development: is it a useful concept?", en *Environmental Values*, vol. 3, pp. 191-298.

———. 1999. "Sustainable development and our obligations to future generations", en A. Dobson (ed.), *Fairness and Futurity: Essays on Environmental Sustainability and Social Justice*. Oxford, Reino Unido, Oxford University Press, pp. 71-117.

Brown, D. A. 2002. *American Heat: Ethical Problems with the United States´ Response to Global Warming*. Lanham, Md., Rowman & Littlefield.

Carr, D. 2004. "Moral values and the arts in environmental education: towards an ethics of aesthetic appreciation", en *Journal of Philosophy of Education*, vol. 38, n° 2, pp. 221-239.

Carter, A. 2000. "Distributive justice and environmental sustainability", en *The Heythrop Journal*, vol. 41, pp. 449-460.

———. 2001. "Can we harm future people?", en *Environmental Values*, vol. 10, pp. 429-454.

CMMAD (Comisión Mundial sobre Medio Ambiente y Desarrollo). 1987. *Nuestro futuro común*. Segunda reimpresión. Madrid. España. Alianza Editorial.

CNUMAD. 1992. *Declaración de Río sobre el Medio Ambiente y el Desarrollo*. Junio. Documento de las Naciones Unidas A/CONF.151/26. Informe de la Conferencia de las Naciones Unidas sobre Medio Ambiente y Desarrollo, Anexo I. Nueva York, Oficina de Publicaciones de las Naciones Unidas.

Daly, H. E. 1995. "On Wilfred Beckerman´s critique of sustainable development", en *Environmental Values*, vol. 4, pp. 49-55.

Dobson, A. 2001. "Environmental sustainabilities: an analysis and a typology", en J. O'Neill, I. J. Bateman y R. K. Turner (eds), *Environmental Ethics and Philosophy*. Cheltenham, Reino Unido, Edward Elgar Publishing, pp. 523 a 550.

Dower, N. 1998. *World Ethics: The New Agenda*. Edimburgo, Reino Unido, Edinburgh University Press.

George, S. 1992. *The Debt Boomerang: How Third World Debt Harms Us All*. Londres, Pluto Press.

Glacken, C. J. 1967. "Man, God and Nature in Judeo-Christian theology", en C. J. Glacken. *Traces on the Rhodian Shore: Nature and Culture in Western Thought from Ancient Times to the End of the Eighteenth Century*. Berkeley, Calif., University of California Press, pp. 150-167.

Holland, A. 1997. "Substitutability: why strong sustainability is weak and absurdly strong sustainability is no absurd", en J. Foster (ed.). *Valuing Nature? Economics, Ethics and the Environment*. Londres, Routledge, pp. 119-134.

Jacobs, M. 1995. "Sustainable development, capital substitution and economic humility: a response to Beckerman", en *Environmental Values*, vol. 4, pp. 57-68.

Johnson, L. E. 2003. "Future generations and contemporary ethics", en *Environmental Values*, vol. 12, pp. 471-487.

Kaiser, M. 1997. "Fish-farming and the precautionary principle: context and values in environmental science for policy", en *Foundations of Science*, vol. 2, pp. 307-341.

Norton, B. G. 1991. *Toward Unity Among Environmentalists*. Nueva York y Oxford, Reino Unido, Oxford University Press.

Parfit, D. 1983. "Energy policy and the further future: the social discount rate", en D. MacLean y P. G. Brown (eds), *Energy and the Future*. Totowa, NJ, Rowman & Littlefield, pp. 166-179.

———. 1984. *Reasons and Persons*. Oxford, Reino Unido, Oxford University Press.

Rolston, H., III. 1997. "Nature for real: is nature a social construct?", en T. D. J. Chappell (ed.), *The Philosophy of the Environment*. Edimburgo, Reino Unido, Edinburgh University Press, pp. 38-64.

Schwartz, T. 1978. "Obligations to posterity", en R. I. Sikora y B. Barry (eds), *Obligations to Future Generations*. Philadelphia, Penn., Temple University Press, pp. 3-13.

———. 1979. "Welfare judgments and future generations", en *Theory and Decision*, vol. 11, pp. 181-194.

Sikora, R. I. 1978. "Is it wrong to prevent the existence of future generations?", en R. I. Sikora y B. Barry (eds), *Obligations to Future Generations*. Filadelfia, Penn., Temple University Press, pp. 112-166.

UICN. 2000. *Carta de la Tierra*. www.earthcharter.org/ (consultado el 21 de junio de 2006).

ÉTICA AMBIENTAL: HACIA UNA PERSPECTIVA INTERGENERACIONAL

Emmanuel Agius

Es paradójico que la mayor parte de los jóvenes de hoy, quienes, por naturaleza, deberían soñar con un futuro mejor, crean que el porvenir (*su* porvenir) será peor que su presente. La esperanza, el idealismo y las grandes expectativas son elementos necesarios para que la generación joven construya un mundo mejor. Irónicamente, nuestro actual modelo de "progreso" ha conseguido privar a los jóvenes incluso de estas virtudes típicamente juveniles. En muchos países, las encuestas demuestran que los jóvenes temen al futuro, especialmente por causa del deterioro ambiental y, con excesiva frecuencia, el resultado de este temor es que los jóvenes no creen que habrá un futuro o se sienten impotentes para salvarlo.

Una de las características fundamentales de la generación joven es su tendencia natural a la verdad. Mientras que los adultos se dejan engañar fácilmente con mentiras, los jóvenes suelen ver con escepticismo los mitos y las ilusiones que se nos presentan como dogmas. Se nos dice, por ejemplo, que si queremos ser más ricos no tenemos más remedio que ser más competitivos en el escenario mundial; se nos dice que para proteger el medio ambiente no nos queda más remedio que acelerar el ritmo de crecimiento de la economía, aunque ello sólo sirva para gastar una proporción más elevada de nuestro ingreso nacional en reparar los daños creados por el mismo proceso de enriquecimiento.

El papel de la educación en la propagación de la verdad ha sido objeto de una fructífera controversia durante varias décadas. Hoy, el tema sigue discutiéndose con igual intensidad, aunque es evidente que estamos educando a los jóvenes para un mundo que ha dejado de existir. Las sociedades se ven obligadas a enfrentar un cambio histórico sin precedentes en un breve periodo si quieren alcanzar un nivel suficientemente sostenible en lo ambiental, lo social y lo económico. La educación, entendida como un proceso de aprendizaje, acción y reflexión que dura toda la vida y en el que participan todos los ciudadanos, tendrá que desempeñar un papel fundamental en estas transiciones.

Los gobiernos y las organizaciones no gubernamentales (ONG) repiten una y otra vez que la educación es un instrumento básico de políticas para facilitar la transición a un desarrollo sostenible. El papel de la educación en la aplicación del programa de sostenibilidad fue objeto de un acuerdo internacional en la Cumbre de la Tierra de 1992, y se publicó en el *Programa 21*, el cual determina con qué medios los responsables de las políticas pueden mejorar las estrategias de la educación para alcanzar la sostenibilidad a todos los niveles, desde el nivel local hasta el nivel global (ONU, 1994). Si el objetivo de una "sociedad sostenible" consiste en pasar de la retórica a la práctica, la educación para lograr este objetivo se ha convertido en una función central de nuestras sociedades. La sociedad sostenible es, por definición, una sociedad de aprendizaje, por lo que tenemos que empezar a ver en la educación un elemento esencial e inseparable del desarrollo sostenible.

En este contexto se enmarca nuestro examen de la ética ambiental. Según la *Ética a Nicómaco* de Aristóteles, el principal objetivo de la educación es cultivar una "personalidad moral". Desde esta perspectiva, la ética consiste en algo más que en entender y debatir teorías acerca del significado de la "vida virtuosa": se trata, primordialmente, de un intento de cambiar las actitudes y las disposiciones de cada individuo para ser personas virtuosas. Aristóteles creía que para practicar la ética de un modo justo, adecuado y razonable era indispensable hacer preguntas y reflexiones acerca de la bondad, a fin de poder actuar de un modo recto y coherente con el entorno. En los párrafos siguientes, se examina la ética ambiental desde la visión aristotélica de la vida virtuosa, es decir, como un reto al que se debe responder formando a las personas para que vivan una vida virtuosa mediante el cultivo de relaciones respetuosas con la naturaleza en general y con los demás en particular, incluidas las generaciones de un futuro lejano, las cuales, con frecuencia, son ignoradas en nuestras decisiones cotidianas porque son remotas, no tienen una voz propia y nadie habla en su nombre. El concepto de "tiempo" desempeña un importante papel en la educación ambiental de hoy porque la visión, motivación y horizonte de nuestra sensibilidad ética respecto al valor de la naturaleza tienen que hacerse extensivos a los intereses futuros. Las dimensiones espaciales y temporales de la ética ambiental hacen ver la urgencia de educar a las generaciones presentes, no sólo para utilizar responsablemente el "legado global" o el "patrimonio común de la humanidad" en su propio beneficio, sino para salvaguardarlo en beneficio de las generaciones futuras, porque el guardián y beneficiario de estos recursos es la humanidad en su conjunto, y no los países o un grupo de éstos. Estos nuevos conceptos de solidaridad y responsabilidad en el espacio y en el tiempo son la piedra angular de la ética ambiental de nuestra época.

Según Aristóteles, una persona virtuosa es aquella que cultiva rasgos positivos de carácter que la hacen actuar en armonía con la razón. El reto de la ética ambiental consiste en educar a las personas para que cultiven buenos sentimientos que, al mismo tiempo, sean acordes con la razón, de modo que esto los conduzca naturalmente a actuar con justicia. Los sentimientos egoístas y las motivaciones interesadas deben ceder paso a un sentido de solidaridad con la humanidad, incluídas las generaciones futuras. Las visiones miopes deben subordinarse a una visión de futuro que tenga en cuenta el impacto de las decisiones de hoy en la posteridad. Para Aristóteles, la ética y la política son inseparables y, de hecho, él creía que la ética concernía a todos los ciudadanos, de los que se esperaba una vida racional y responsable como miembros de la comunidad política o *polis*. De esta manera, el éxito, la prosperidad y la armonía de la vida comunal en la *polis* dependían de la calidad de la vida moral de todos y cada uno de los ciudadanos. La ética ambiental es una disciplina práctica porque su principal objetivo consiste en educar a los ciudadanos de hoy para que cuiden la naturaleza, indispensable para la vida de las generaciones presentes y futuras que forman colectivamente la comunidad humana. La calidad de la vida ambiental de las generaciones futuras depende de la educación moral de las generaciones que las han precedido.

LA ÉTICA AMBIENTAL COMO EDUCACIÓN PARA LA SOSTENIBILIDAD

La Declaración de Tbilisi (UNESCO/PNUMA, 1978), adoptada por aclamación en la primera Conferencia Intergubernamental sobre

Educación Ambiental, establece cinco categorías de objetivos de la educación moral ambiental:

1. *Conciencia* y sensibilidad acerca del medio ambiente y los retos ambientales.
2. *Conocimiento* y comprensión del medio ambiente y los retos ambientales.
3. *Actitudes* de interés hacia el medio ambiente y una motivación para mejorar o mantener la calidad ambiental.
4. *Técnicas* para identificar los retos ambientales y contribuir a resolverlos.
5. *Participación* en actividades que conduzcan a la solución de los retos ambientales.

Así pues, la educación ambiental es necesaria para brindar a los grupos comunitarios, a los funcionarios públicos, a las empresas e industrias y a los ciudadanos particulares en general, la conciencia, el conocimiento y las técnicas para solucionar problemas ambientales, elementos necesarios para responder a los retos de un modo activo y exitoso, y garantizar un medio ambiente sano y sostenible para las generaciones presentes y futuras.

En el siglo pasado, la necesidad de una educación ambiental se puso de manifiesto de muchas maneras y, con el surgimiento de una mayor conciencia del sentido moral y de la calidad de vida en el futuro, en las últimas décadas esta cuestión se ha convertido en una de las preocupaciones más importantes. Desde esta perspectiva, la responsabilidad moral hacia las generaciones futuras es el factor catalizador que ha intensificado el movimiento ambiental contemporáneo. El debate acerca de la situación de las generaciones futuras se ha resumido en un simple mensaje: si persisten las actuales tendencias, el mundo estará más poblado, más contaminado y será menos estable ecológicamente y más vulnerable a diversos cambios ambientales. A pesar de la mejor calidad de los bienes de consumo, la calidad de la vida de las generaciones futuras será peor que la de las generaciones presentes en muchos aspectos.

Uno de los principales objetivos de la educación moral ambiental, proclamado en Tbilisi, es el de promover actitudes positivas, motivaciones y compromisos en individuos y comunidades respecto al medio ambiente, el patrimonio natural de toda la humanidad, incluidas las generaciones futuras. En los últimos años se ha extendido la idea de que la clave de los problemas ambientales estriba, en gran medida, en factores sociales, económicos y culturales que han originado esos problemas, cuyas soluciones no se limitan a medios puramente tecnológicos. La crisis ambiental es una crisis moral. La comunidad internacional es cada vez más consciente de la necesidad de acción para modificar los valores, actitudes y comportamientos de individuos y grupos con respecto a su medio ambiente y la ética ambiental es un vehículo importante para transmitir diversos valores, cambiar las actitudes y motivar el compromiso con el entorno.

En el capítulo 36 del *Programa 21* se afirma que la educación moral es de suma importancia para promover el desarrollo sostenible y para aumentar la capacidad de las poblaciones al abordar cuestiones ambientales y de desarrollo (ONU, 1994). Tanto la educación formal como la no formal son indispensables para cambiar las actitudes a fin de que las personas sean capaces de evaluar sus problemas de desarrollo sostenible y, finalmente, hacerles frente. La educación también es fundamental para adquirir una conciencia ambiental ética, para promover valores, actitudes, técnicas y comportamientos compatibles con el desarrollo sostenible y para lograr una participación eficaz de la población en el proceso de toma de decisiones.

El aspecto de "educación para la sostenibilidad" en la ética ambiental no puede ignorar la necesidad de cambiar las actitudes y las mentalidades de las personas respecto al futuro, ya que muchas de ellas se despreocupan de él por completo y justifican su postura afirmando que las generaciones futuras son aún lejanas; por lo tanto, sus necesidades no se conocen, no existen y quizá no existan nunca. Los principios éticos de la sostenibilidad están profundamente enraizados en la responsabilidad moral de la presente generación con la posteridad. En las últimas décadas, la comunidad internacional ha adquirido una conciencia creciente sobre la necesidad de una nueva vía hacia el desarrollo, la cual debe contribuir al progreso humano, no sólo en unos pocos lugares y durante unos cuantos años, sino en todo el planeta y en un futuro lejano. La experiencia demuestra que los procesos de desarrollo realizados a expensas de los demás, hoy o en el futuro, mediante la desigualdad o la degradación ambiental, no deben llamarse "desarrollo" sino "explotación". Vivir de un modo sostenible es preocuparse por el futuro.

En consecuencia, la comunidad internacional está cada vez más convencida de que el objetivo de estos cambios radica en la existencia de un equilibrio entre crecimiento y desarrollo, por un lado, y la protección del ambiente por otro. El crecimiento económico no puede proseguir indefinidamente si se reduce o se destruye la base de recursos naturales que lo sustenta. Por otra parte, existe la conciencia de que el desarrollo económico no puede parar e incluso la filosofía del crecimiento cero suscita un amplio rechazo. El crecimiento es necesario siempre y cuando éste no sea ecológicamente destructivo; es así que la conservación y el desarrollo son mutuamente necesarios y complementarios, pues la protección del medio ambiente y la promoción del desarrollo económico no son dos conceptos distintos. Cuando se mide el crecimiento económico, el índice de mejora o deterioro en las reservas de recursos naturales es uno de los datos que deben tenerse en cuenta.

Esta nueva conciencia ambiental ha originado el concepto de "desarrollo sostenible" o "desarrollo sin destrucción", y éste se ha convertido en un objetivo, no sólo de los países en desarrollo, sino también de los países industrializados. El elemento central de este nuevo concepto de desarrollo es la creencia de que, a la larga, el futuro de la vida en la Tierra depende del cuidado y conservación el medio ambiente o, en otras palabras, de los recursos naturales del planeta, la tierra, el aire, el agua, la biodiversidad, los bosques y otros sistemas que mantienen la vida.

Este concepto está en la base del informe de 1987 de la Comisión Mundial sobre Medio Ambiente y Desarrollo, *Nuestro futuro común* (llamado también el "Informe Brundtland"; CMMAD, 1987) y del *Programa 21* de la Cumbre de la Tierra de 1992, que es un plan de acción global para el siglo XXI (Naciones Unidas, 1994). El Informe Brundtland define el desarrollo sostenible como "el desarrollo que satisface las necesidades de las generaciones presentes sin poner en peligro la capacidad de las generaciones futuras de satisfacer sus propias necesidades". Según el Informe, el desarrollo sostenible abarca dos aspectos clave:

a) el concepto de "necesidades", particularmente las necesidades elementales de los pobres del mundo, que deben gozar de prioridad absoluta;
b) la idea de las limitaciones impuestas por el Estado, relativas a la tecnología y a las organizaciones sociales para que el medio ambiente pueda satisfacer las necesidades presentes y futuras.

Los siguientes elementos esenciales del concepto de desarrollo sostenible provienen de la consideración de diversos documentos, convenios, acuerdos y tratados internacionales sobre política ambiental:

- la convicción de que han de tomarse en cuenta las necesidades de las generaciones presentes y futuras;
- la necesidad de garantizar la conservación de los recursos renovables y no renovables, y que éstos no se agoten;
- el requisito de que el acceso a los recursos naturales y el uso de los mismos deben contemplar las necesidades de todos los pueblos de un modo equitativo;
- el reconocimiento de que las cuestiones del medio ambiente y el desarrollo sostenible deben tratarse de modo integrado.

Los principios éticos en los cuales se basa la noción de sostenibilidad hacen ver claramente que este concepto está centrado en el ser humano, se orienta al futuro, tiene como prioridad la conservación, y su finalidad es la mejora de la condición humana y el mantenimiento de la variedad y la productividad de la naturaleza en beneficio de las generaciones presentes y futuras. Los objetivos generales de la educación para la sostenibilidad son los siguientes:

1. *Respeto y atención a las comunidades de vida.* Este principio ético de solidaridad refleja el deber de cuidar de las otras personas y de otras formas de vida, ahora y en el futuro. Ello significa que el desarrollo no debe efectuarse a expensas de otros grupos o de las generaciones futuras. Tenemos que tratar de repartir equitativamente los beneficios y los costos en el uso de los recursos y la conservación ambiental entre diferentes comunidades y grupos de interés, entre pobres y ricos, y entre nuestra generación y los que vendrán después de nosotros.
2. *Mejorar la calidad de la vida humana.* El objetivo real del desarrollo es mejorar la calidad de la vida humana. Éste es un proceso que permite a los seres humanos realizar su potencial, adquirir confianza en sí mismos y, finalmente, vivir con dignidad y con todas las necesidades básicas cubiertas. Aunque hay distintos objetivos para el desarrollo, algunos de ellos (como una vida larga y sana, la educación, el acceso a los recursos necesarios para alcanzar un nivel de vida de calidad, la libertad política, los derechos humanos garantizados y la protección contra la violencia) son prácticamente universales. El desarrollo sólo es real si mejora nuestras vidas en todas esas esferas.
3. *Conservar la vitalidad y la diversidad de la Tierra.* El desarrollo basado en la conservación debe incluir medidas voluntarias de

protección de la estructura, las funciones y la diversidad de los sistemas naturales del mundo, todos ellos soporte de nuestra especie; es por ello que tenemos una responsabilidad moral con otras formas de vida que comparten nuestro planeta.

4. *Reducir al mínimo el agotamiento de los recursos no renovables.* Los minerales, los combustibles y el carbón son recursos no renovables. A diferencia de las plantas, los peces o el suelo, éstos no se prestan a un uso sostenible. Sin embargo, su "vida" puede prolongarse mediante el reciclado o dedicando menos recursos a la fabricación de ciertos productos o empleando recursos renovables.
5. *No exceder los límites en la capacidad de sustento de la Tierra.* Es difícil dar una definición precisa de este requisito, pero podemos decir que hay límites concretos en la capacidad de sustento de los ecosistemas de la Tierra, y en los impactos que éstos pueden soportar sin sufrir un peligroso deterioro.
6. *Cambiar las actitudes y las prácticas personales.* Si queremos adoptar la ética de la sostenibilidad de la vida, hemos de reconsiderar nuestros valores y modificar nuestros comportamientos. La sociedad debe promover valores conformes con la nueva ética y desalentar aquéllos que sean incompatibles con un modo de vida sostenible. Una ética para vivir de modo sostenible es importante porque el ser humano actúa en función de creencias; una creencia ampliamente compartida suele ser más poderosa que una política oficial.

Las generaciones actuales no sólo deben reconocer la magnitud y la complejidad del reto ecológico, sino que deben evitar la minimización del problema al excluir de su consideración ciertas dimensiones implícitas en el concepto de desarrollo sostenible. En los párrafos siguientes se destacan cuatro aspectos importantes, sin los cuales un programa de educación moral para la sostenibilidad estaría incompleto:

1) Al determinar el grado de sostenibilidad de un modo particular de desarrollo es necesario tener en cuenta los riesgos probables que éste pueda crear en el futuro.

El desarrollo tecnológico ha alterado la naturaleza de la acción humana, hecho que puede tener consecuencias de gran alcance en el tiempo y el espacio. En general, se tiende a analizar cada situación individual y a proponer soluciones adecuadas; cada problema se aborda individualmente. Sin embargo, la clave de esta dificultad radica en que los peligros individuales de la situación ambiental de hoy en día se están acumulando y se convertirán en riesgos globales en el futuro.

No puede haber sostenibilidad si no se calculan y evitan conscientemente los riesgos. Los problemas ecológicos son globales porque las consecuencias de nuestras acciones en el presente y el futuro no conocen fronteras geográficas ni ideológicas. Estos riesgos pueden amenazar al ambiente natural, a la próxima generación en el llamado mundo desarrollado, o a la generación presente en el mundo en desarrollo; ser responsable consiste también en prever. Por consiguiente, los riesgos deben analizarse considerando todas las consecuencias posibles de nuestras acciones o de nuestra inacción, el posible alcance de estas consecuencias, y la probabilidad de que ocurran efectivamente. A menudo, al evitar una clase de riesgos se aceptan otros.

Dada la complejidad del mundo en que vivimos, optar por una estrategia específica en un determinado sector de la economía puede entrañar graves contratiempos en otros sectores. Para evitar esas dificultades podría adoptarse una serie de principios rectores. Estos son los más importantes:

a) *El principio de la información más completa.* Esto significa que debemos obtener la mayor información antes de decidir qué medida se tomará para resolver un problema ambiental, especialmente si es probable que necesite abundantes recursos.
b) *El principio de precaución.* Este principio reconoce que hay límites en la espera de encontrar la "información más completa". Todavía hay mucho que descubrir respecto a los efectos de la actividad humana en el medio ambiente. Cuando una amenaza es seria e inminente, no podemos esperar a obtener una prueba más convincente antes de actuar para impedir el daño. Un ejemplo de este fenómeno es la correlación entre las emisiones atmosféricas y el cambio climático: aunque ésta todavía no se ha confirmado, no podemos esperar a obtener una prueba convincente del calentamiento global para actuar porque, si lo hacemos, cuando tomemos una decisión ya se habrán producido graves daños.

Las actividades que producen efectos adversos en el ambiente natural deben limitarse para salvaguardar la calidad de vida de las generaciones presentes o futuras. ¿Qué derecho tenemos a imponer más riesgos y cargas a las generaciones que no han nacido todavía? Nuestro actual desarrollo económico no debe privar a las presentes y futuras generaciones de las oportunidades de una vida mejor. Pero es necesario cumplir este deber de un modo que no comprometa la capacidad de estas generaciones de satisfacer sus necesidades, atendiendo al mismo tiempo las necesidades de la generación presente. Las oportunidades de las generaciones venideras sólo pueden asegurarse si no agotamos las reservas de la naturaleza en el presente, tomando de medidas de conservación y protección. Hay que tener en cuenta que no hemos heredado el mundo de nuestros antepasados: éste sólo es un préstamo de nuestros hijos.

La comunidad internacional alcanzará la sostenibilidad cuando los recursos y oportunidades para las futuras generaciones sean tan abundantes como los heredados en el pasado. En la práctica, esto significa que los recursos renovables y los no renovables no deben consumirse tan de prisa que los primeros no puedan renovarse y no sea posible encontrar sustitutos renovables para los segundos, y que los desechos no se produzcan a un ritmo tan acelerado que no permita su tratamiento por medios naturales y humanos.

2) La sostenibilidad está vinculada de modo inseparable a una renovada exigencia de justicia y paz.

En una sociedad sostenible, nuestra responsabilidad ecológica exige un fuerte compromiso con la justicia y la paz. El mundo se ha precipitado a un abismo de injusticia letal: mientras que unos pocos gozan de un nivel sin precedentes de riqueza y poder, millones de personas languidecen en un entorno de pobreza, hambre y opresión. La sostenibilidad implica la voluntad de compartir los dones de la creación dentro de los límites impuestos por la humanidad. La justicia internacional exige que se satisfagan las necesidades fundamentales de todos y que nos preocupemos por la vida de las generaciones futuras, herederos de un planeta con un volumen de recursos suficiente para desarrollarse y gozar de la vida con dignidad.

La sostenibilidad presupone la paz y, al mismo tiempo, la condiciona. Los conflictos y las guerras representan un grave peligro, no sólo para la vida humana, sino para la integridad del medio ambiente; por consiguiente, éstos deben evitarse. Desafortunadamente, muchas de las viejas diferencias y rivalidades étnicas y culturales del mundo, aletargadas durante mucho tiempo, resurgen ahora con mayor virulencia.

3) No puede haber justicia ni paz sin cambios radicales.

Se necesitan el plan de nuevos modelos que sustituyan al actual modo de consumo, orientado al crecimiento y el derroche. Está claro que hay límites a la expansión humana en la Tierra y sin embargo hay pruebas cada vez más patentes de que algunas actividades humanas rebasan ya los límites de la capacidad de sustento de la Tierra. Como una forma de controlar este abuso, está ganando terreno el concepto de "espacio ambiental". Éste consiste en la cantidad total de energía, recursos no renovables, tierras agrícolas y bosques utilizables globalmente sin reducir los recursos futuros en las mismas proporciones. Cada habitante del mundo tiene derecho (aunque no la obligación) a utilizar una cantidad igual de espacio ambiental en proporción a los recursos globales.

La crisis ecológica se origina en el consumo y la codicia del llamado mundo desarrollado. En 1970, el 20% más rico de la población mundial utilizaba el 73,9% de los recursos globales. En 1989, esta proporción había aumentado hasta el 82,7%. Hoy en día, el 20% de las personas más pobres utilizan solamente el 1,4% de los recursos totales; esto no es así por ley de la naturaleza, no podemos ignorar este hecho. Cuando se utilizan términos como "crecimiento" o "desarrollo sostenible", a menudo se supone que, en lo esencial, la estructura actual de la sociedad se puede mantener. Nosotros entendemos que conceptos como "crecimiento" y "sostenible" son contradictorios; la presión humana sobre la naturaleza debe disminuir y no crecer.

Es necesario un cambio importante en los modos de producción y consumo, empezando por las naciones ricas. El modelo predominante de "desarrollo" es objeto de críticas porque se lo considera económica y ambientalmente insostenible, moralmente injusto y de gran pobreza espiritual.

4) La sostenibilidad no podrá alcanzarse si no fijamos límites a la dependencia tecnológica.

La disminución de los recursos revela la necesidad de fijar límites a la tecnología. La energía es una de las piedras angulares de la economía mundial, pero también causa los peores daños al medio ambiente, uno de los cuales es el calentamiento global. Los países desarrollados utilizan demasiada energía por habitante y dependen excesivamente de los combustibles fósiles. Si este patrón del consumo de energía fuera global, los daños en el ambiente serían catastróficos, por lo que debe reducirse para atenuar los efectos del calentamiento global. Como los países en desarrollo aspiran al crecimiento, se prevé que sus emisiones aumentarán mucho en las próximas décadas. Pero necesitamos cambiar nuestro estilo de vida, y la urgente necesidad de reconciliación entre los países industrializados y los países en desarrollo, entre los ricos y pobres de cada país, y entre la humanidad y la biosfera en su conjunto, nos obliga a reconsiderar nuestro modo de vida. Una sociedad sostenible precisa de un estilo de vida sostenible. Es urgente y necesario que adoptemos un estilo de vida inspirado en la simplicidad y la sobriedad; hay que rechazar la mentalidad consumista si queremos que las generaciones futuras gocen de un entorno sano.

EL LUGAR DE LAS GENERACIONES FUTURAS EN LA ÉTICA AMBIENTAL

En la sección anterior, he defendido la idea de que las futuras generaciones se mantengan en primer plano en el debate contemporáneo sobre la sostenibilidad. Dado que esta cuestión se ha convertido en el tema central de la ética ambiental, en esta sección expondremos algunos de los principales argumentos del debate filosófico actual sobre nuestras responsabilidades morales con la posteridad. La evaluación de los documentos, tratados y convenios internacionales más importantes que apoyan el principio de la responsabilidad moral hacia las generaciones futuras, muestra que la idea de la justicia intergeneracional es una prioridad de las actuales preocupaciones ambientales internacionales.

Diversas conferencias y organizaciones internacionales, en particular las Naciones Unidas, han adoptado un sinnúmero de convenios, cartas, documentos, acuerdos y tratados (algunos se ocupan de cuestiones globales, mientras que otros son de aplicación regional) que expresan la preocupación por el futuro de la humanidad y enuncian principios y obligaciones destinados a proteger y mejorar el bienestar de las generaciones presentes y futuras. A partir de la Conferencia de las Naciones Unidas sobre el Medio Ambiente Humano (Estocolmo, 1972), la mayoría de los países, de distintos sistemas políticos y diversos niveles de desarrollo económico, han mostrado una notable voluntad de adoptar nuevas normas para regular las cuestiones ambientales. Muchas de estas políticas apuntan a la responsabilidad de la generación presente de legar a la posteridad un mundo en el que valga la pena vivir. La Declaración de Estocolmo de 1972 proclamaba que "la defensa y mejora del medio ambiente para las generaciones presentes y futuras se ha convertido en meta imperiosa de la humanidad". Muchos Estados aceptan el principio general de la limitación a las actividades de las generaciones presentes, por la obligación de considerar y salvaguardar las necesidades de las generaciones futuras en la esfera del desarrollo y del medio ambiente.

La Cumbre de la Tierra de Río de 1992 representó, sin duda alguna, el primer intento internacional de salvaguardar la calidad de la vida para la posteridad. Es notable que los tres principales documentos firmados en Río, la Declaración de Río (CNUMAD, 1992), el Convenio sobre la Diversidad Biológica y la Convención sobre el Cambio Climático, mencionen el concepto de solidaridad y responsabilidad intergeneracional. Además, el Preámbulo de la Declaración y Programa de Acción de Viena, aprobados por la Conferencia Mundial de Derechos Humanos el 23 de junio de 1993, recuerda la determinación de las Naciones Unidas a proteger los recursos de las generaciones venideras del flagelo de la guerra (CMDH, 1993). El artículo 11 de la Declaración de Viena afirma que el derecho al desarrollo debe realizarse de manera que satisfaga equitativamente las necesidades en materia de desarrollo y medio ambiente de las generaciones actuales y futuras. Los recientes intentos de articular un principio de precaución en el derecho internacional reflejan también la preocupación por los efectos de nuestras acciones de hoy en el entorno que más tarde será de las generaciones futuras. Este principio trata de determinar las circunstancias en las cuales deben limitarse las actividades dañinas para el medio ambiente en el futuro.

En su 29ª sesión, celebrada en París en noviembre de 1997, la Conferencia General de la UNESCO aprobó una Declaración sobre las Responsabilidades de las Generaciones Actuales para con las Generaciones Futuras (UNESCO, 1997). Esta Declaración, un instrumento más moral y ético que jurídico, fue el fruto de muchos años de debates entre expertos y de consultas entre Estados Miembros. El artículo 4 de la Declaración dice lo siguiente:

> Las generaciones actuales tienen la responsabilidad de legar a las generaciones futuras un planeta que en un futuro no esté irreversiblemente dañado por la actividad humana. Al recibir la Tierra como herencia temporal, cada generación debe procurar utilizar los recursos naturales razonablemente y atender a que no se comprometa la vida con modificaciones nocivas de los ecosistemas y a que el progreso científico y técnico en todos los ámbitos no cause perjuicios a la vida en la Tierra.

Por otra parte, el Convenio relativo a los Derechos Humanos y la Biomedicina (denominado Convenio sobre Bioética), elaborado por el Consejo de Europa y aprobado por el Parlamento Europeo en noviembre de 1996, afirma que los progresos en biología y medicina deben ser aprovechados en favor de las generaciones presentes y futuras, y establece garantías a la protección de la identidad de la especie humana (Consejo de Europa, 1997). Además, el artículo 5 de la mencionada Declaración de la UNESCO sobre las Responsabilidades de las Generaciones Actuales para con las Generaciones Futuras afirma que "para que las generaciones futuras puedan disfrutar de la riqueza de los ecosistemas de la Tierra, las generaciones actuales deben luchar en pro del desarrollo sostenible y preservar las condiciones de la vida y, especialmente, la calidad e integridad del medio ambiente" (UNESCO, 1997). En este mismo artículo se declara que las generaciones actuales deben cuidar de que las generaciones futuras no se expongan a una contaminación que pueda poner en peligro su salud o su propia existencia. En tono más positivo, afirma también que las generaciones actuales han de preservar para las generaciones futuras los recursos naturales necesarios para el sustento y desarrollo de la vida humana.

En los últimos tiempos, las políticas internacionales sobre cuestiones ambientales han experimentado un desarrollo sustancial y rápido. Una de las características más sorprendentes de muchas políticas ambientales, nacionales e internacionales, del momento es la proclamación de nuestras obligaciones con las generaciones futuras por razones de justicia. La definición tradicional de la justicia es "dar a cada uno lo suyo". Ahora se afirma que, en las cuestiones relativas al medio ambiente, la justicia obliga a la generación presente a dar lo suyo a las generaciones futuras. No cabe duda que el debate de la justicia intergeneracional representa un cambio fundamental en el paradigma de la política ambiental internacional.

Gran parte del reciente debate filosófico sobre las generaciones futuras se centra en el intento de expresar nuestras responsabilidades en forma de una teoría ética normativa. Esto se considera importante porque una teoría ética nos puede dar los criterios para evaluar si una acción propuesta es buena o mala. ¿Tiene sentido hablar de justicia entre las generaciones? ¿Pueden plasmarse en principios de justicia nuestras responsabilidades con la posteridad? La intuición moral que nos advierte sobre el peligro de dejar un mundo depauperado ¿puede enmarcarse en una teoría de la justicia intergeneracional? Es evidente que el discurso sobre la justicia nos conduce a hablar de deberes y derechos: si se reclama algo por justicia, ello significa que debe respetarse el derecho a obtener ese algo. Pero ¿puede una persona no existente reclamar algo que es su derecho? ¿Tenemos deberes con individuos que todavía no existen?

Algunos filósofos señalan que, al determinar las obligaciones de justicia hacia las generaciones futuras, hablamos de deberes con seres humanos que todavía no han nacido y que no podemos "vislumbrar" como personas individuales. Si no tenemos ninguna relación material con ellos, ¿cómo puede existir un compromiso moral con una sombra? y, ¿cómo podemos atribuir una condición moral a personas que todavía no existen o que quizá no existirán nunca?, ¿cuál es la base racional que nos dicta la obligación hacia las generaciones futuras, cuya identidad depende o es función de tantos factores?

En la vida cotidiana se observa una preferencia "irracional" por lo que está cerca de nosotros en el espacio y en el tiempo. Esta preferencia puede verificarse cuando se tiene claro que las necesidades del presente sólo pueden satisfacerse descuidando las necesidades del futuro. Creo que el discurso oficial actual en relación con el medio ambiente no considera la simple distancia temporal como razón suficiente para atribuir menos peso a los intereses de las generaciones futuras. Una cosa muy distinta, desde luego, es afirmar que las políticas ambientales contemporáneas tratan de crear una situación económica (la noción de "sostenibilidad") que evite el sacrificio del futuro en aras del presente.

La sensibilidad ética contemporánea hacia las generaciones futuras obedece a tres factores principales. En primer lugar, es evidente que el poder de la tecnología ha alterado la naturaleza de la actividad humana: mientras que en el pasado la actividad humana se consideraba algo de poco alcance efectivo, la tecnología moderna ha modificado esta visión tradicional. La tecnología nos ha dado un poder sin precedentes para influir en las vidas, no sólo de los que ahora están vivos, sino también de los que vivirán en un futuro remoto.

En segundo lugar, el temor actual acerca del futuro de la humanidad es resultado del descubrimiento de la interdependencia y la interrelación de la realidad. Ésta es una verdad conocida desde hace siglos, pero sólo recientemente la hemos experimentado en toda su complejidad. La experiencia humana nunca había demostrado, de modo tan patente, que nada existe aisladamente: cada acción, decisión o política tiene consecuencias de largo alcance. Todo, desde la cultura hasta los genes, se transmitirá a la posteridad. Así pues, cada vez está más claro que nuestras relaciones no se limitan simplemente a quienes nos son próximos, sino que alcanzan a generaciones distantes. Este sentimiento de interdependencia entre las generaciones está suscitando una nueva visión de la comunidad humana que abarca a las generaciones pasadas, presentes y futuras. El sentido contemporáneo de solidaridad con todos los miembros de la especie humana es resultado de la aparición reciente de una percepción más amplia de la comunidad.

En tercer lugar, la conciencia creciente de la finitud y la fragilidad de "nuestra sola y única Tierra" (Annan, 1998) es otro factor que ha contribuido a que nos consideremos miembros de una sola familia humana. En la Conferencia de Estocolmo sobre el Medio Ambiente Humano, de 1972, surgió una nueva visión del planeta Tierra, calificado metafóricamente como una "nave espacial". Durante muchos años, se pensó que el planeta contenía recursos ilimitados, energías y tierras ilimitadas que habitar y cultivar, y aire y agua ilimitados para limpiar el mundo de los desechos producidos por los seres humanos. Ahora comprendemos que ninguna de estas hipótesis era cierta y los seres humanos se han visto obligados a reconsiderar el lugar que creían ocupar en la biosfera. La calidad de la vida de las generaciones futuras depende de que esta nueva visión se plasme en principios éticos pertinentes y acciones concretas.

LOS DERECHOS DE LAS GENERACIONES FUTURAS

La American Philosophical Association, en su *Bulletin* de febrero de 1973, pidió contribuciones sobre el tema: "¿Puede decirse que las generaciones futuras tienen derechos como, por ejemplo, respirar aire puro?". De la respuesta se derivaban otras dos preguntas: ¿por qué los autores han encontrado tan pocos estudios sobre el problema? y, ¿por qué existe ahora tanto interés por esta cuestión? (APA, 1974).

La contradicción surgida de la conjunción de estas dos preguntas hace notorio que este problema es de planteamiento reciente. En los años setenta la comunidad mundial tomó una nueva conciencia social que durante muchos decenios había sido, si acaso, marginal. Esta conciencia es la de los límites del crecimiento. En aquella época muchos empezaron a comprender que no era realista hablar de progreso sin tener en cuenta las limitaciones de los recursos naturales, la crisis ecológica, las peligrosas consecuencias de la tecnología moderna y la brecha creciente entre algunas partes del mundo y entre las generaciones presentes y futuras.

Como resultado de una mayor sensibilidad respecto a la finitud y la fragilidad de nuestra "sola y única Tierra", así como de la conciencia de las graves amenazas derivadas de la tecnología moderna, nuestras relaciones morales con las generaciones futuras se han situado repentinamente en un primer plano del debate ético. Preguntas antes formuladas por unos pocos especialistas son ahora de interés general: ¿cuál es el futuro de nuestro planeta?, ¿tiene un futuro la humanidad? y, de continuar las tendencias presentes, ¿qué clase de planeta heredarán las generaciones futuras?, ¿de qué calidad de vida gozará la posteridad?, ¿quién puede garantizar el futuro de la especie humana?, ¿tenemos alguna obligación hacia generaciones que todavía no han nacido?, ¿tienen las generaciones futuras intereses identificables?, ¿pueden las generaciones futuras reclamarnos algún derecho?

En la introducción a su antología de 1981, *Responsibilities to Future Generations* (Responsabilidades con las generaciones futuras), Ernest Partridge afirma que "conocemos una gran abundancia de 'hechos', pero estamos mal equipados para deducir su sentido moral". La preocupación acerca de nuestra relación moral con las generaciones futuras, bastante marginal a finales de los años setenta y comienzos de los ochenta, se ha convertido en un intenso debate filosófico sobre las cuestiones del medio ambiente y la bioética. Muchos filósofos que trataron de extraer un "sentido moral" de la cuestión de las generaciones futuras abordaron los difíciles y controvertidos problemas lógicos y epistemológicos que conlleva hablar del futuro. La obra de John Rawls, *A Theory of Justice* (Una teoría de la justicia), publicada en 1971, fue importante porque introdujo el tema de las obligaciones hacia las generaciones futuras en el debate filosófico contemporáneo; mientras que el trabajo de Derek Parfit *Reasons and Persons* (Razones y personas), publicado en 1984, lleva más lejos el estudio del tema, rebatiendo los argumentos de los escépticos. Sin embargo, el marco conceptual del discurso sobre los derechos de las generaciones futuras todavía se encuentra en sus primeras fases de formulación. En la actualidad, los círculos académicos dedican un considerable esfuerzo a garantizar que las dificultades epistemológicas y otras incertidumbres inherentes a cualquier discurso acerca del futuro no nos inducirán a hacer caso omiso del bienestar de nuestros descendientes.

Atribuir derechos a las generaciones futuras plantea una serie de problemas filosóficos. ¿Pueden las generaciones futuras que, por definición, todavía no existen, tener derechos ahora? ¿Qué correlación se establece entre los derechos y los deberes? ¿Qué tipo de derechos pueden reconocerse a generaciones que no han nacido todavía? ¿Qué argumentos racionales y morales pueden justificar que estos derechos sean reconocidos a la posteridad? Y, si aceptamos que tenemos obligaciones con las generaciones futuras, ¿existen derechos correspondientes a estas obligaciones?

Los moralistas han seguido dos líneas principales de razonamiento con respecto a la compleja cuestión de los derechos de las generaciones futuras. Algunos autores limitan esta relación a las generaciones del futuro inmediato: éstos afirman que sólo la primera o segunda generación puede reclamarnos derechos y que sólo con ellas tenemos obligaciones. Según esta opinión, las generaciones del futuro remoto no tendrían ninguna relación moral con nosotros. Los principales defensores de esta teoría son Rawls y Golding. Sin embargo, otro grupo de moralistas afirma que deben reconocerse derechos a todas las generaciones futuras. Entre éstos figuran Feinberg, Baier, Fletcher y Bandman (Agius, 1997).

Creo que, en este debate, hay que tener en cuenta que los documentos internacionales relativos a cuestiones ecológicas se refieren cada vez más a la "humanidad" y no a personas individuales o grupos. Éste es un claro indicador del nuevo rumbo que toma la política ambiental. La humanidad surge como colectividad y como nuevo sujeto de derechos a compartir los recursos de la Tierra, a gozar de un medio ambiente de calidad que permita vivir una vida digna y de bienestar, y a estar protegido de los efectos de la radiación atómica.

Otro aspecto de la noción emergente de "humanidad" como colectividad puede verse en el concepto de "patrimonio común", introducido en el derecho internacional del medio ambiente para regular la explotación de los recursos mundiales como bien común. Lo que pertenece a toda la humanidad no puede considerarse simplemente territorio no explorado ni reclamado, apto para la expropiación y explotación por cuenta de algún individuo o grupo con intenciones lucrativas. Los recursos declarados patrimonio común deben administrarse en nombre de todos los países y en beneficio de toda la humanidad, y sólo deben utilizarse con fines pacíficos. Un elemento central del concepto de "patrimonio común de la humanidad", propuesto por Malta en la Asamblea General de las Naciones Unidas de 1967, en el contexto de los derecho del mar, es el concepto de fideicomiso. Algunos recursos de la Tierra deben considerarse propiedad de las generaciones presentes y futuras, y se usarán con prudencia a fin de conservarlos para la posteridad. Las generaciones presentes son responsables ante las generaciones futuras de la buena gestión de este patrimonio común.

La noción de "humanidad" como colectividad encierra una nueva visión de la comunidad. En los años sesenta, la sociedad global adquirió conciencia, por primera vez, de la interdependencia de todas las naciones y de que éstas formaban parte de una comunidad global cuyos miembros se influían mutuamente. Esto dio lugar a la noción de comunidad internacional de la humanidad, la cual abarca a todas las personas vivas. Cada parte de ella está relacionada con todos los demás miembros y, colectivamente, forman una sola comunidad global. Más tarde, a finales de los años setenta, apareció una nueva visión de la comunidad, más amplia que la de comunidad internacional. Según este criterio, cada generación no es más que un eslabón en la interminable cadena de generaciones que colectivamente forman una comunidad, la familia humana. La especie humana es una unidad porque cada individuo, tanto si vive ahora como si viviera en el futuro, está relacionado genética y culturalmente con el resto de la humanidad (Agius, 1986).

Según Alexander Kiss, este cambio fundamental en nuestra concepción del derecho internacional del medio ambiente es comparable a la revolución copernicana, la cual proclamó que el centro del universo no era la Tierra sino el Sol. La nación-Estado es cada vez menos el centro de las relaciones internacionales y está siendo sustituida por la humanidad y por sus representantes individuales, tanto los que viven ahora como los que vivirán en el futuro. Estamos reconociendo de modo creciente que las cuestiones ambientales atañen a los intereses comunes de toda la humanidad (Brown Weiss, 1989). Las normas internacionales del medio ambiente tienden a restringir las actividades de los Estados en interés de la comunidad humana global.

El sentimiento de solidaridad de la comunidad internacional, floreciente en los años sesenta, se había convertido, a finales de los setenta, en un sentimiento de solidaridad entre las generaciones. A la extendida sensación de interrelación global se unió esta nueva comprensión de la interdependencia transgeneracional. Los historiadores de la evolución de los derechos humanos acostumbran a hablar de "tres generaciones de derechos humanos": la primera generación es civil y política; la segunda económica, social y cultural; y la tercera está compuesta por los derechos "solidarios" a favor de la paz y de un medio ambiente no contaminado. Es posible ver estas tres generaciones bajo una luz ligeramente distinta: como derechos del individuo, derechos de grupos socioeconómicamente definidos y derechos de la especie humana en general. La aparición de los "derechos solidarios", o la "tercera generación de derechos humanos" en el derecho internacional del medio ambiente corrobora la amplia definición de la humanidad que incluye a las generaciones tanto presentes como futuras. Los derechos colectivos de la humanidad son una extensión de los "derechos solidarios", cuyo rasgo distintivo es que tienen la solidaridad entre los seres humanos como requisito previo para su realización. Estamos hablando del derecho al desarrollo, el derecho a la paz, el derecho a un ambiente sano y equilibrado y el derecho a compartir los beneficios del patrimonio común de la humanidad, entre otros (Bedjaoui, 1991). Karel Vasak, que fue director de la División de Derechos Humanos y Paz de la UNESCO, afirma que los derechos humanos de la tercera generación son "los nacidos de la hermandad manifiesta del ser humano y de su indispensable solidaridad; aquellos que pueden unir a los hombres en un mundo finito" (1982).

Es razonable pensar que, en nuestro intento por encontrar una base para nuestras obligaciones con las generaciones futuras con base en principios éticos sólidos, tendremos que replantearnos dos conceptos de la ética social tradicional –"el bien común" y "la justicia social"– en el contexto que vislumbra la comunidad humana como un todo más allá del espacio y del tiempo. Así pues, la visión de una comunidad intergeneracional nos obliga a reconceptualizar las nociones de "bien común" y de "justicia social", añadiéndoles una dimensión temporal. Estos dos principios sociales justifican las relaciones de justicia entre las generaciones presentes y futuras. Las visiones del mundo basadas en la lógica cartesiana y en los paradigmas newtonianos no llegan tan lejos. La "Weltanschauung" o "perspectiva generalizada" de Alfred North Whitehead nos proporciona un conjunto de herramientas conceptuales que nos ayudará a reinsertar los conceptos sociales tradicionales en el concepto más amplio de la comunidad humana en general, extendida más allá del tiempo y espacio presentes (Whitehead, 1929). Influido, en parte, por la ciencia del siglo XX que, con su importante revolución conceptual, puso en evidencia los límites de la visión mecanista del mundo, el pensamiento filosófico de Whitehead ofrece una perspectiva orgánica, dinámica y dialéctica de la realidad social que constituye una adecuada base filosófica para la ética ambiental intergeneracional.

REDEFINIR EL "INTERÉS COMÚN" DE LA ESPECIE HUMANA

Durante los años sesenta, el significado de "interés común" trascendió el nivel nacional para convertirse en una cuestión de nivel supranacional. Esto se debió a la aparición de un sentido de interdependencia que condujo a la noción de "familia de naciones". Como consecuencia de ello, a finales de los años setenta, el concepto de "interés común" volvió a definirse desde una perspectiva más amplia. Las cuestiones ambientales nos han probado que no es posible separar el interés de una sociedad en particular, primero, del interés de la comunidad y, después, del interés de la especie humana como parte de un mundo finito. Sin embargo, este interés no debe excluir nunca el de las otras especies.

Tradicionalmente, el interés común se ha definido como el orden comunitario en virtud del cual cada miembro de la sociedad puede gozar de una calidad adecuada de vida. La reciente concientización ecológica ha puesto en evidencia que el concepto de interés común debe incluir también los recursos naturales de la Tierra. Cada miembro de la especie humana, tanto si vive ahora como si viviese en el futuro, necesita un entorno natural adecuado para su bienestar. La especie humana no es algo distinto de la naturaleza, sino que forma parte de ésta; por consiguiente, cada miembro de la especie humana necesita recursos naturales para su supervivencia y su calidad de vida. De ello se infiere que los recursos naturales no son un privilegio de unos pocos y una fuente de frustración para muchos, sino que deben ser utilizados para bien de toda la humanidad. Es importante que la especie humana respete el interés de todas las demás especies.

En su condición de especie, los seres humanos comparten el entorno natural de la Tierra con otros miembros de la generación presente, con las generaciones futuras y con otras especies. La atmósfera, los océanos, el espacio ultraterrestre y los recursos naturales de la Tierra pertenecen a todas las generaciones de todas las especies. Nosotros tenemos en préstamo los recursos de la Tierra, que pertenecen a todos los seres vivos. Al utilizar este patrimonio común, hay que considerar los intereses de la especie humana en general sin olvidar los intereses de otras especies. Cada generación recibe en préstamo el legado natural de las anteriores generaciones y lo conserva para las generaciones futuras y para otras especies.

LA JUSTICIA SOCIAL Y LOS MIEMBROS MÁS DÉBILES DE LA ESPECIE HUMANA

El concepto de "justicia" ha sido definido de distintas maneras. El significado y las consecuencias prácticas de expresiones tales como "dar a cada uno lo suyo" han tenido diversas interpretaciones. Pero todos están de acuerdo respecto a un cierto número de puntos básicos.

El primero es que la justicia es esencial para la convivencia humana. El segundo es que ésta no concierne simplemente a las obligaciones entre un individuo y otro (ésta es la acepción tradicionalmente llamada "justicia conmutativa"), lo que implica que los individuos tienen deberes hacia la comunidad o comunidades a las que pertenecen ("justicia social", en la terminología tradicional). El tercer punto es que el concepto de justicia está relacionado lógicamente con los conceptos de "igualdad" y "proporción". Así pues, la exigencia de que el individuo contribuya al bienestar de la comunidad es especialmente pertinente para la cuestión de la conducta hacia los miembros más débiles y necesitados de la humanidad.

Como su objetivo consiste en la materialización del interés común, uno de los cometidos de la justicia social es la gestión de la comunidad. En consecuencia, la justicia social tiene que ver a un tiempo con el deber de todos los miembros de contribuir al interés común de la comunidad y con la responsabilidad de la comunidad hacia todos sus miembros, en particular los que se encuentran en situación desfavorecida. La justicia social exige el respeto del derecho de todos a participar del interés común. Esto no puede lograrse sin la cooperación de toda la sociedad. La justicia intergeneracional puede definirse como un principio de gestión de la comunidad humana en virtud de la cual cada generación, por su propio esfuerzo y responsabilidad, puede obtener una parte proporcional del interés común de la especie humana.

La justicia social apela al principio de que una comunidad tiene el deber moral de prestar ayuda especial a sus miembros más débiles o desfavorecidos, no simplemente recompensando sus contribuciones a los procesos de producción, sino también mediante el ejercicio de la solidaridad humana. Otra posibilidad es que las generaciones futuras estén en una situación desfavorecida y los llamados a preservar los recursos a fin de asegurar la calidad de vida de esas generaciones se asemejan a los argumentos según los cuales la ley impone al Estado la creación de reservas especiales para garantizar el bienestar de los niños, los ancianos y las personas con impedimentos físicos o mentales. Así pues, la justicia intergeneracional equivale al rechazo de la "preferencia temporal" que permitiría a los vivos aprovechar su posición de fuerza.

Las generaciones futuras están en una situación desventajosa con respecto a la generación presente porque éstas pueden heredar una calidad de vida empobrecida. Esas generaciones comparten una situación de debilidad estructural en comparación con los habitantes actuales del planeta. Las generaciones que no han nacido todavía están "más abajo" que nosotros en el río del tiempo y, por ello, están sujetas a las consecuencias a largo plazo de nuestras acciones. La generación actual tiene la capacidad necesaria para poblar excesivamente la Tierra, romper el delicado equilibrio de la biosfera, almacenar deshechos nucleares desastrosos para el patrimonio genético de otras generaciones, agotar los recursos naturales de la Tierra y utilizar la ingeniería genética para manipular la evolución de las especies; incluso, su existencia misma corre peligro. Además, una de las desventajas de estas generaciones futuras radica en el hecho de ser "mudas" y en que, al no estar representadas en la generación actual, a menudo sus intereses no se tienen en cuenta en la planificación socioeconómica y política actual. Estas generaciones no pueden reclamar o negociar un trato recíproco porque no tienen voz ni voto ni pueden tener efecto sobre nosotros.

Los recursos de la Tierra pertenecen a todas las generaciones; éstos sólo son nuestros en la medida en que formamos parte de la especie humana. En el uso de este patrimonio, es justo que debamos considerar obligatoriamente el bien de la especie en general. No tenemos derecho a intervenir de un modo irreversible y exhaustivo en nuestras relaciones con el mundo natural si con ello privamos a las generaciones futuras de oportunidades de bienestar; por esta razón, no debemos robar lo que pertenece, por justicia, a otras generaciones. Ningún país, continente o generación goza de un derecho exclusivo sobre los recursos naturales de la Tierra. Nosotros hemos recibido estos recursos de las generaciones pasadas y, por consiguiente, tenemos la responsabilidad de dejarlos como legado en un estado igual o mejor a la posteridad. Tenemos la obligación, impuesta por la justicia social, de compartir el patrimonio común con toda la población presente así como con las generaciones futuras, y deben adoptarse medidas para rectificar los desequilibrios existentes entre la generación presente (favorecida) y las generaciones futuras (desfavorecidas). Ésta es una exigencia de justicia hacia los futuros miembros de la especie humana.

La justicia social prohíbe que una generación excluya a otras generaciones de una participación justa en los beneficios del patrimonio común de la humanidad. La justicia exige que se consideren los intereses de las generaciones futuras con la misma importancia con que se contemplan los intereses de la especie humana. En otras palabras, la justicia social exige un sentido de solidaridad con toda la familia humana, por lo que tenemos la obligación de regular nuestro consumo actual para compartir nuestros recursos con los pobres y con las generaciones que todavía no han nacido.

Creo que la unidad y la solidaridad del género humano ofrecen la única base sólida para afirmar que las generaciones presentes están obligadas a preocuparse de las generaciones futuras, posibles y probables; o bien que las generaciones futuras tienen derechos sobre nosotros, aunque no estén presentes para ejercerlos y sólo puedan hacerlo si otros actúan en su nombre.

TUTORES DE LAS GENERACIONES FUTURAS

En vista de estas consideraciones, es necesaria (y un acto de justicia) la creación de un organismo de tutela que represente a las generaciones futuras a los niveles nacional, regional e internacional. Una comunidad intergeneracional justa debe dejar hablar a los que no pueden hacerse oír. Estos mecanismos institucionales serían el primer paso hacia el reconocimiento jurídico de los derechos de la humanidad y de nuestras responsabilidades con las generaciones que no han nacido todavía.

Sin reparto equitativo ni participación no hay justicia social. La comunidad humana intergeneracional será justa cuando las generaciones presentes aprendan a compartir los recursos de la Tierra con todos los miembros actuales y futuros de la especie humana. La necesidad de distribuir de forma equilibrada los recursos a nivel global e intergeneracional hace que superemos el viejo modelo de desarrollo para proceder a una reconsideración radical que dé lugar a un cambio estructural fundamental.

Además, la participación se encuentra en el núcleo mismo de la justicia social. Todos los miembros de la especie humana tienen la misma dignidad y las mismas garantías fundamentales. Como los recursos de la

Tierra son el patrimonio común de la humanidad, todos los miembros de la especie humana tienen derecho no sólo a compartir los bienes comunes de la Tierra, sino también a participar en su gestión. Este derecho se basa en la idea de que la riqueza natural y cultural de la Tierra es el patrimonio común de la humanidad. Así pues, establecer un mecanismo que represente a las generaciones futuras será el modo más legítimo y justo de dar a la posteridad la posibilidad de participar en las decisiones y acciones de hoy que, en definitiva, afectarán a su bienestar.

Nuestras responsabilidades con las generaciones futuras ya han sido reconocidas en muchas declaraciones, tratados y resoluciones nacionales e internacionales. Sin embargo, no basta con reconocer nuestras responsabilidades hacia generaciones distantes: es necesario llevar a la práctica este principio. Ha llegado el momento de que las palabras se transformen en acciones concretas: es preciso proteger a las generaciones futuras nombrando a "tutores" que alerten a la comunidad internacional de las amenazas que se ciernen sobre su bienestar; ésta sería la medida más apropiada para salvaguardar la calidad de la vida futura.

Una institución que puede desempeñar esta función en favor de las generaciones futuras es el Consejo de Tutela de las Naciones Unidas que, durante muchos años, administró los territorios y los pueblos no autónomos y les acompañó en el camino a la independencia y a un gobierno de mayoría. La función de este Consejo se ha desvanecido; sin embargo, creo que esta institución todavía es pertinente y que la filosofía que inspiró su creación –la idea de encomendar a un depositario los valores compartidos o comunes de la humanidad– tiene validez universal en el tiempo y en el espacio. Por lo tanto, en vez de disolver este órgano podría reinterpretarse su mandato: el Consejo de Tutela podría dejar de ser el tutor de los territorios no autónomos (ahora prácticamente desaparecidos) para transformarse en el tutor y depositario de los recursos y las preocupaciones comunes del mundo, en defensa de las generaciones presentes y futuras. Este nuevo mandato ampliado del Consejo sería conforme con la filosofía básica que inspiró su creación. Su principal contribución es, sin duda, la preservación del medio ambiente humano y la protección de los derechos de las generaciones futuras.

Algunos afirman que la función de tutor es demasiado importante para confiarla exclusivamente a gobiernos u organizaciones intergubernamentales (Sands, 1998). Las organizaciones no gubernamentales tienen un importante papel que desempeñar en la protección de los intereses de las generaciones futuras. La participación de estos agentes en foros nacionales e internacionales podría facilitar la elaboración y aplicación de leyes y normas ambientales internacionales en beneficio de las generaciones presentes y futuras.

Una antigua tradición que se da en casi todas las sociedades es que las personas declaradas legalmente incapaces, como los menores y los enfermos mentales, están protegidas por una serie de instituciones que actúan contra quienes pretendan aprovecharse deliberadamente o por inadvertencia de la desventaja de este grupo de individuos; por ejemplo, se encarga a una persona o grupo que represente o defienda los intereses de la persona que no tiene capacidad para defenderlos por su cuenta o cuya capacidad está disminuida. En este sentido, las generaciones futuras son parecidas a aquellos que nuestra sociedad declara jurídicamente incapaces. Las mismas razones que hacen que confiemos a un representante la defensa de los intereses de los que son incapaces de defenderse pueden valer para nombrar a un representante de las futuras generaciones cuando las políticas previstas puedan conllevar riesgos graves a largo plazo.

Deberían denominarse "tutores" –una persona o personas autorizadas, o una organización– aquellos que hablen en nombre de las generaciones futuras en diversos foros locales, nacionales, regionales e internacionales y, particularmente, en las Naciones Unidas. Su mandato consistiría en lo siguiente:

- Estarían facultados para defender los intereses de las generaciones futuras. Los tutores intervendrían antes de que las instituciones determinen fallos definitivos, ya que estas decisiones podrían afectar significativamente al futuro de la especie. Los tutores hablarían en nombre de las generaciones futuras, señalarían las consecuencias a largo plazo de las medidas propuestas y propondrían alternativas. Su función no consistiría en decidir, sino en promover decisiones fundadas. Sólo podrían presentar argumentos en favor de las futuras generaciones.
- Estas personas u organizaciones introducirían una nueva dimensión –el horizonte *temporal*– a la solución de cuestiones tradicionalmente limitadas al lugar y al momento presentes. El mayor peligro para las generaciones venideras es la creciente destrucción y agotamiento de los recursos vivos esenciales para la supervivencia humana y el desarrollo sostenible. Las generaciones futuras corren el serio peligro de heredar una baja calidad de vida y la labor de los

tutores consistiría en combatir la arraigada costumbre de nuestra civilización de hacer caso omiso al futuro.

La designación de tutores representaría un sólido logro en favor de los intereses de las generaciones que todavía no han nacido. Esperamos que éstas tengan algún motivo para estar agradecidas con los actuales habitantes del planeta por los esfuerzos desempeñados para reconocer sus intereses y establecer un mecanismo de salvaguardia de sus intereses y derechos.

BIBLIOGRAFÍA

Agius, E. 1986. “The rights of future generations”, en *In Search of an Intergenerational Ethical Theory*. Universidad Católica de Lovaina.

——— (ed.). 1994. *What Future for Future Generations*. Malta, Universidad de Malta.

———. 1997. “The rights of future generations”, en *Interfaces*. J. Friggieri y S. Busuttil (eds), *Essays in Philosophy and Bordering Areas*. Malta, Universidad de Malta, pp. 165-187.

——— (ed.). 1998. *Future Generations and International Law*. Londres, Earthscan.

Annan, K. 1998. World Environment Day 1998: The Secretary-General's Message. *Our Planet*, vol. 9, No. 5, pp. 16-17.

APA, 1974. *Proceedings and Addresses of the American Philosophical Association*, vol. 47, 1973-1974.

Attfield, R. 1983. *The Ethics of Environmental Concern*. Oxford, Basil Blackwell.

Beare, H.; Slaughter, R. 1993. *Educating for the Twenty-First Century*. Nueva York, Routledge.

Bedjaoui, M. 1991. “The right to development”, en M. Bedjaoui (ed.), *International Law Achievements and Prospects*. París, UNESCO y Dordrecht/Boston/Londres, Martinus Nijhoff Publishers, pp. 1177-1193.

Brown Weiss, E. 1989. *In Fairness to Future Generations: International Law, Common Patrimony and Intergenerational Equity*. New York, Transnational.

Busuttil, S.; Agius, E. (eds). 1990. *Our Responsibilities towards Future Generations*. Malta, Universidad de Malta.

CMDH (Conferencia Mundial de Derechos Humanos). 1993. *Declaración y Programa de Acción de Viena.* Gen. A/Conf. 157/24 (14 – 25 Junio 1993). Nueva York, Naciones Unidas, www.ohchr.org/english/law/vienna.htm (consultado en junio de 2006).

CMMAD (Comisión Mundial sobre Medio Ambiente y Desarrollo). 1987. *Nuestro futuro común.* Segunda reimpresión. Madrid, España, Alianza Editorial.

CNUMAD. 1992. *Declaración de Río sobre el Medio Ambiente y el Desarrollo.* Junio. Documento de las Naciones Unidas A/CONF.151/26. Informe de la Conferencia de las Naciones Unidas sobre Medio Ambiente y Desarrollo, Anexo I. Nueva York, Naciones Unidades.

Consejo de Europa. 1997. *Convention for the Protection of Human Rights and Dignity of the Human Being with regard to the Application of Biology and Medicine: Convention on Human Rights and Biomedicine.* http://conventions.coe.int/Treaty/EN/Treaties/Html/164.htm (consultado el 23 de junio de 2006).

De-Shalit, A. 1995. *Why Posterity Matters: Environmental Policies and Future Generations.* Londres, Routledge.

Huckle, J.; Sterling, S. (eds). 2001. *Education for Sustainability.* Londres, Earthscan.

ONU. 1994. *Agenda 21. Programme of Action for Sustainable Development,* Nueva York, Naciones Unidades.

Parfit, D. 1984. *Reasons and Persons.* Oxford, UK, Oxford University Press.

Partridge, E. 1981. *Responsibilities to Future Generations.* Buffalo, Prometheus Books.

Pojman, L. 1994. *Environmental Ethics: Readings in Theory and Practice.* Boston, Mass., Jones & Bartlett.

Rawls, J. 1971. *A Theory of Justice.* Cambridge, Mass., Harvard University Press.

Sands, P. J. 1998. "Protecting future generations: precedents and practicalities", en E. Agius y S. Busuttil (eds), *Future Generations and International Law.* Londres, Earthscan.

Touth, A. 1991. *Crucial Questions about the Future.* Nueva York, University Press of America.

UNESCO. 1980. *Environmental Education in the Light of the Tbilisi Conference.* París, UNESCO.

———. 1997. *Declaration on the Responsability of the Present Generations towards Future Generation*. París, UNESCO.

UNESCO/PNUMA. 1978. "The Tbilisi Declaration", en *Connect*, vol. 3, n° 1 (enero), pp. 1-8.

Vasak, K. 1982. Introduction. K. Vasak (ed.), *The International Dimensions of Human Rights*. Westport. Conn., Greenwood Press. París, UNESCO.

Visser T. Hooft, H. T. 1999. *Justice to Future Generations and the Environment*. Boston, Mass., Kluwer Academic Publishers.

Whitehead, A. N. 1929. *Process and Reality*. Nueva York, Macmillan.

¿HABRÁ QUE RENUNCIAR A LA ÉTICA AMBIENTAL?

Alan Holland

El aspecto central de la ética consiste en una pregunta heredada de los filósofos griegos: "¿cómo vivir nuestra vida?". A pesar de su carácter general, la cuestión se suele interpretar, en resumen, como la manera en que los seres humanos (individuos) deberían relacionarse entre sí. La idea de que los humanos tenemos responsabilidades respecto a la naturaleza es un tanto nueva, por lo menos en la cultura occidental, y sólo recientemente ha empezado a imponerse en la corriente principal de la teoría ética (véase, por ejemplo, Passmore, 1980). Su aparición puede atribuirse a dos motivos: primero, ya no podemos confiar en los procesos sobrenaturales para sostener el mundo natural; segundo, tampoco podemos confiar en los procesos naturales.

Mientras perduró la fe en la providencia, los humanos pensaban que el pecado influía en la naturaleza de una manera negativa y nadie se preguntaba si ésta modificaría, por sí misma, su debido curso. Bajo esta lógica, resultaba inútil preservar algo que, en todo caso, era responsabilidad divina. Sin embargo, con el declive de las creencias religiosas, esta certeza fue perdiendo peso. Por otra parte, los dos siglos precedentes han atestiguado el creciente poder humano de destruir la naturaleza, lo que dio origen a la urgente demanda de tomar medidas para su conservación y protección. Esta exhortación se origina con el objetivo de hacer frente a fenómenos como la contaminación, la polución y el derroche (Carson, 1962; McKibben, 1989).

NUESTRA DIFICIL SITUACIÓN AMBIENTAL

El problema ético que enfrentamos hoy en día es cómo respetar la justicia y proteger, al mismo tiempo, el medio ambiente en un mundo donde priva el rápido cambio tecnológico, desgarrado por las fuertes desigualdades de riqueza y de poder y movido por la búsqueda de crecimiento económico. Además, el problema se ha vuelto "global" en varios sentidos: es un problema común y compartido y rebasa las fronteras nacionales. El cambio climático y la degradación de la capa de ozono son problemas *comunes* que atañen a todos, si bien de modos y grados distintos. También la pérdida de la biodiversidad es un problema *compartido*, aunque se manifiesta de distintas formas en diferentes regiones. Cuando los cambios climáticos se manifiestan por la lluvia ácida, por ejemplo, éste es un problema *transfronterizo*, debido a que se trata de un fenómeno que, a pesar de ocurrir en un lugar específico, afecta a los habitantes de otras partes del mundo. Desafortunadamente, a medida que se acrecientan los problemas ambientales, las instituciones sociales y políticas para enfrentarlos están quedando atrás.

LA RESPUESTA DE LOS ECONOMISTAS A LA SITUACIÓN AMBIENTAL

Vivimos en un mundo de valores plurales y prioridades que compiten entre sí, de ahí que las decisiones ambientales conlleven opciones debatidas entre diversas alternativas que expresan valores distintos y a veces conflictivos. Frente a esta situación, los políticos han optado por una toma de decisiones que concilie las diferentes posturas y han recurrido a los economistas, quienes tienen gran experiencia en la formulación de teorías nutridas de diversos pensamientos. Este procedimiento apela a una técnica de toma de decisiones bien conocida entre los políticos y con el que la mayoría de las instituciones políticas a nivel mundial está familiarizada: el análisis de costos-beneficios. La fineza de este método, sólidamente enraizado en la tradición utilitarista, radica en su aparente facultad para conciliar diferencias éticas. Según este procedimiento, todas las discrepancias se desvanecen para dar como resultado un proceso de toma de decisiones, cuya versión más difundida busca la satisfacción máxima de las diversas preferencias. No obstante, la asimilación de las divergencias éticas sólo es "aparente" porque, si la miramos más de cerca, veremos que la toma de decisiones lleva consigo una serie de normas propias.

Con frecuencia se pasa por alto este hecho: efectivamente, lo que se hace simplemente es *desplazar* otros enfoques éticos promoviendo la idea de que el bien supremo consiste en la satisfacción de las preferencias. La "ética ambiental" predominante en la toma de decisiones ambientales durante los últimos años es, sin duda alguna, de inspiración utilitarista, y en gran parte este fenómeno ha ocurrido como consecuencia de lo que yo llamaría el "caballo de Troya" de la economía ambiental. A su vez, la economía ambiental ha afirmado aún más su dominio al controlar el programa de la sostenibilidad: en el Reino Unido, por lo menos, este predominio quedó asegurado con la publicación del trabajo de David Pearce y otros *Blueprint for a Green Economy* (Plan para una economía verde) (1989).

El objetivo de la sostenibilidad tiene su origen en la idea de que necesitamos frenar el desarrollo económico tal y como se ha entendido tradicionalmente. En consecuencia, la sostenibilidad ha sido concebida como una forma de restricción del progreso ilimitado en el mundo de los negocios. Tres preocupaciones apuntaban a la necesidad de esta limitación. En primer lugar, se difundió la idea de que la carrera desenfrenada al desarrollo no rinde *económicamente*. Como consecuencia, empezaron a aparecer "costos" ocultos, en forma de contaminación a gran escala, agotamiento de los recursos e impactos imprevistos en el clima, formas de vida y sistemas que sustentan la vida. Muy pronto, se constató que la *eficiencia* económica nos obligaba a tomar en cuenta estos costos ambientales antes encubiertos y esto, a su vez, hizo pensar que todas las propuestas sobre políticas y desarrollo debían someterse a la prueba de la "sostenibilidad". En segundo lugar, apareció la convicción de que el desarrollo sin restricciones no podía defenderse *moralmente*. El problema no se plantearía en un mundo donde se supusiera que los recursos naturales son ilimitados pero, en cuanto se afirmó la idea de los límites biológicos y ecológicos, y de que el nicho humano no puede seguir expandiéndose indefinidamente, se planteó la cuestión de saber cómo debemos cumplir nuestras responsabilidades hacia las generaciones futuras. La sostenibilidad, entendida en términos de la fórmula clásica de Brundtland (CMMAD, 1987, pág. 43), como la exigencia de legar a las generaciones futuras los recursos para satisfacer sus necesidades, parecía ser una respuesta moralmente aceptable. Por último, la gente se percató también de que los costos de un desarrollo sin restricciones eran inaceptables *ecológicamente*. Este sentimiento de pérdida ecológica frente al progreso humano emergió por primera vez durante los siglos XVIII y XIX como secuela del movimiento romántico y, en términos más prácticos, con la formación de sociedades dedicadas a proteger su ambiente natural. Esta tendencia culminó recientemente en la preocupación por la pérdida de la biodiversidad y, en particular, en el hecho de que la extinción de las especies está superando, o quizá ya haya superado, el ritmo de especiación. De nuevo, la sostenibilidad cobró gran importancia y se volvió una preocupación central que debía integrar una dimensión ecológica. Este era el objetivo hacia el cual debían dirigirse las políticas sociales y económicas. Nadie cuestionaba el atractivo teórico de un concepto que prometía resolver las tres preocupaciones a la vez. Por decirlo simple y llanamente, los costos –económicos, éticos y ecológicos– del crecimiento económico empezaron a anular los beneficios.

La economía ambiental incluye, efectivamente, la protección del ambiente en el programa de la sostenibilidad. Este aspecto forma parte del requisito de mantener el "capital natural" o, por lo menos, de que no se permita su disminución. El capital natural se interpreta a su vez como el flujo de beneficios derivados del mundo natural, y a menudo se mide en función del grado de satisfacción de las preferencias humanas que ofrece. Por consiguiente, el requisito de la sostenibilidad es aquel que exige mantener estos beneficios, o por lo menos procurar que no disminuyan.

Según este modelo, el sujeto humano es aquel que trata de obtener la máxima utilidad, cuyo comportamiento está guiado por preferencias que se consideran a la vez determinadas e "innatas", y que goza de una cierta autoridad e inmunidad con respecto a ciertas limitaciones. Tanto la deliberación individual como la pública se consideran un ejercicio de cálculo practicado por individuos relativamente aislados entre sí, dedicados a procesos de transacción tales como la negociación y el regateo. Todas las opciones y todas las decisiones, públicas o privadas, se interpretan como formas de intercambio y éste se efectúa mediante la moneda común de las preferencias. La asignación de derechos y la distribución de ingresos que constituyen el contexto de todo razonamiento práctico no se toman en cuenta. El sujeto humano desempeña el papel pasivo de "consumidor" que, no obstante, goza de una amplia gama de derechos cuyas preferencias y valores han de satisfacer y regir las instituciones establecidas por las políticas públicas. Con base en esta descripción, el sujeto humano es apto para –y en gran medida podría ser la creación de– las instituciones que obedecen a un tipo del mercado y a diversos modos de toma de decisiones que emplean técnicas cuantitativas de agregación y medición. El grado de "ajuste" se autodetermina, en gran parte.

Crítica a la tesis de los economistas

Es muy posible que haya medios diferentes de aplicar la sostenibilidad. Entre ellos, quizá se encuentren los enfoques descentralizados "verticales", basados en el concepto de "democracia ambiental". Según uno de sus partidarios (Leff, 2000), la democracia ambiental contempla nada menos que un nuevo orden social, en el cual la participación constructiva y la toma compartida de decisiones se basarían en los valores de equidad, diversidad y sostenibilidad. Esto debe alcanzarse mediante la liberación y la integración de los potenciales ecológicos y culturales de cada región. Pero la concepción de sostenibilidad de los economistas deja ver un programa muy distinto, el cual, como veremos, es inherentemente favorable al progreso del capitalismo global y, por consiguiente, no es nada probable que éste deje espacio a la democracia ambiental propuesta por Leff. Sin embargo, no sólo la concepción económica se presta a una serie de críticas sino que, además, no es claro que el concepto de "sostenibilidad" manejado por los economistas implique la diferencia que se supone deben aplicar las políticas públicas.

Antes que nada, podríamos rechazar la descripción del sujeto humano y la motivación humana asumida por esta visión económica, la cual se refleja en el concepto de *homo oeconomicus*, u *homo rapiens*, como dice ingeniosamente John Gray (2004). Esta descripción confunde los valores y las preferencias, además de confundir el papel del ciudadano con el papel del consumidor. Ambas amalgamas han sido objeto de críticas virulentas (en particular por parte de Mark Sagoff, 1988). Algunos economistas ofrecen incluso versiones alternativas del sujeto humano y las motivaciones humanas. Frank Knight, uno de los principales miembros de la llamada "escuela de Chicago", estimaba que las motivaciones humanas se basan en general en "valores" (o "deberes") más que en "deseos". "El hombre", declara, es "un ser que aspira, más que un ser que desea", y "no busca la satisfacción de sus deseos, sino tener más y 'mejores' deseos". "No es que el hombre sepa lo que quiere" continúa, sino que "quiere ver sus deseos satisfechos" (Knight, 1922). Al hablar de deseos "mejores", parece que Knight complicó innecesariamente las cosas; lo cierto es que ya no se ve muy bien cómo se supone que el "homo oeconomicus" debe actuar cuando sus preferencias entran en conflicto. O bien se toma una decisión sobre la base exclusiva de la intensidad de las preferencias, una propuesta poco atrayente, o habría que preguntarse qué preferencia es *mejor* satisfacer –si sería *mejor* dejar de satisfacer un deseo presente, si sería *mejor* que no hubiéramos adquirido ciertas preferencias, etc.–, lo que introduce inevitablemente un valor distinto al de la satisfacción de la preferencia.

En segundo lugar, podemos rechazar la versión de los economistas respecto a la deliberación y a la adopción de decisiones, que parte de la idea discutible de que hay cuestiones normativas irreductibles que pueden enunciarse adecuadamente y resolverse mediante el empleo de métodos descriptivos. La deliberación se convierte en un proceso de descubrimiento y de información (del número e intensidad de las preferencias, individuales o colectivas) y la adopción de decisiones se convierte en un proceso de cálculo (de ponderación de la preferencia). Pero, como demuestra Joseph Raz, este razonamiento tiene por lo menos dos defectos: el primero es que esta teoría presenta nuestros deseos como algo que no controlamos; el otro es que no da ningún sentido a la deliberación, pues no consiste en descubrir lo que queremos sino en reflexionar sobre las razones de querer (Raz, 1997, pág. 115). Interpretar la deliberación como un descubrimiento es desconocer su lógica.

En tercer lugar, podemos objetar que se pasen por alto las importantes consideraciones "relacionales", concretamente las que conciernen al lugar y al tiempo:

a) *El espacio.* El medio ambiente comprende muchos lugares habitados por la gente, sitios que son el foco de hondos afectos y un elemento constituyente de nuestra identidad. Estos lugares no son *objetos* de una preferencia sino que constituyen más bien las *razones* y los *contextos* de ésta. Toda evaluación ambiental que ignore estos rasgos constitutivos será, pues, profundamente errónea.

b) *El tiempo.* El medio ambiente también es un sitio de la comunidad intergeneracional que vincula a las diferentes generaciones en el tiempo con lazos de obligación e interdependencia. El vínculo con el futuro y la obligación hacia las generaciones futuras se han convertido en una posición común. Con menos frecuencia se tienen en cuenta los vínculos con el pasado. Sería ridículo preguntar "¿qué han hecho por nosotros las generaciones futuras?"; lo que

> es preciso preguntar es "¿qué *harán* por nosotros?". Porque, así como podemos dar sentido a las vidas de nuestros antepasados –honrando su memoria, por ejemplo, y reflexionando sobre sus pensamientos– del mismo modo las generaciones futuras podrán, o no, "hacer" mucho por nosotros, cumpliendo nuestras promesas y nuestras aspiraciones o, por el contrario, defraudando nuestras esperanzas.

En cuarto lugar, debido al énfasis en la intensidad y en el número de preferencias, no podemos dejar pasar el inevitable descuido hacia algunas valiosas características de la naturaleza que no son suficientemente estimadas por muchos de nosotros. Hay muchas cosas en la naturaleza que la mayoría tal vez encontremos triviales, miserables, monótonas y en las que buscaríamos en vano la "corriente de beneficios" que sirve a los economistas como criterio de evaluación del capital natural.

En conclusión, debemos rechazar que esta teoría filosófica-económica esconda y nuble la esencia de los problemas, e incluso la existencia de los mismos. El conflicto entre diversos valores no puede reducirse, ni decidirse en función de la intensidad de preferencias. Los conflictos resultan de juicios que, de por sí, son refutables y pueden ser cuestionados por considerarlos precipitados, irracionales o deficientes. Las preferencias son relativamente inmunes a estos dos tipos de refutación, siempre y cuando estén más o menos "fundamentadas". Pero si un conflicto de preferencias se debe a que éstas no pueden satisfacerse, el conflicto de valores consistiría en que éstos no pueden ser verdaderos todos al mismo tiempo.

No obstante, incluso si dejamos de lado todas estas dificultades, no queda suficientemente claro si la sostenibilidad, entendida como el requisito de preservar el "capital", representa la diferencia en la adopción de políticas que se supone debe representar. Esto lo constataremos al reconsiderar el triple problema al que la sostenibilidad proyecta encontrar una solución.

I) El impacto económico

Según el análisis anterior, la prudencia económica obliga a cambiar los patrones actuales de la actividad económica. Sin embargo, es probable que el intento de mantener un capital natural no permita que este cambio se efectúe. Una primera razón de ello es que la norma de valor económico utilizada como criterio para evaluar los niveles del capital natural es un producto del mismo sistema que se quiere cuestionar. Una segunda razón es que no es nada seguro que los patrones actuales de la actividad económica puedan considerarse inviables si los criterios preferidos de no sostenibilidad se basan en una disminución del capital natural. Si el capital natural se entiende como la capacidad del medio ambiente de atender a las necesidades humanas, es forzoso creer que este capital ha *aumentado* considerablemente, y sigue aumentado, desde el inicio del progreso tecnológico. Ello obedece a que, comúnmente, el capital natural precisa de un gran volumen de capital humano para su realización.

II) El impacto moral

La relación entre sostenibilidad, entendida como el mantenimiento del "capital", y la búsqueda de justicia intrageneracional e intergeneracional es, en el mejor de los casos, problemática. A veces, el desarrollo sostenible se define como el consumo per cápita que no disminuye y se equipara, a su vez, con la justicia intergeneracional. Sin embargo, el consumo per cápita que no disminuye no se contradice con enormes desigualdades entre los seres humanos y, si bien es cierto que un compromiso a favor de la equidad intergeneracional parece implicar lógicamente un compromiso en favor de la equidad intrageneracional, en la práctica el logro de estos dos objetivos podría ser conflictivo. Los costos de las medidas para "salvar" el medio ambiente en beneficio de las generaciones futuras podrían recaer sobre los pobres de hoy; un ejemplo de ello es la situación de muchos campesinos en las economías del Tercer Mundo. Un hecho ampliamente reconocido es que los pobres son los que más sufren de la degradación del medio ambiente porque dependen más de los recursos naturales, mientras que los ricos dependen de los recursos artificiales. Pero esto no quiere decir que los pobres se beneficien más por la "restauración" de estos recursos. Por ejemplo, los pobres son a menudo expulsados de sus terrenos agrícolas porque éstos son expropiados para ser convertidos en parques nacionales, o bien conservan sus tierras pero ven cómo sus cosechas son pisoteadas por elefantes u otros animales protegidos.

Si la protección ambiental no basta para garantizar la justicia social, es decir, la ayuda a los pobres de hoy, ¿es verdaderamente necesaria? Un escéptico diría que en el mundo real el *daño* ambiental es necesario para asegurar la justicia social; pensemos, por ejemplo, en los daños resultantes del drenaje de tierras pantanosas para crear tierras agrícolas fértiles. La relación entre la protección del medio ambiente y el bienestar de los futuros seres humanos tampoco es clara; la protección ambiental no garantiza el bienestar de éstos si no concurren muchos factores sociales e institucionales. Que ésta sea necesaria dependerá de lo que se entienda por protección del medio ambiente: si ésta es definida como la forma de "mantener la capacidad del medio ambiente para atender a los intereses humanos", desde luego la relación estará asegurada, al menos de hecho. Pero, si adoptamos una definición más radical de la protección del ambiente –por ejemplo, permitir que la naturaleza "siga su curso"– podría ser el *daño* del medio ambiente, más que su protección, lo que es necesario para garantizar el bienestar de los seres humanos del futuro.

En resumen, si se calcula en términos económicos el nivel del capital natural en función del grado de preocupación en una sociedad determinada y su impacto en el bienestar, y si la actual constitución de esta sociedad no ofrece oportunidades iguales para expresar la preocupación por este asunto y presenta desigualdades manifiestas en materia de bienestar, el proyecto de conservación del capital, lejos de asegurar la justicia intergeneracional será, por el contrario, un medio de trasladar las injusticias actuales al futuro.

III) El impacto ecológico

Se ha dicho que el capital natural es la capacidad del mundo natural para atender a las necesidades humanas. Esta capacidad depende, en gran medida, del capital humano y social, producto de la acción del hombre. Para nuestros vulnerables antepasados, el mundo natural era, en general, un lugar amenazador y peligroso; en el entorno había muy poco capital natural *porque* había muy poco capital que fuera resultado de la acción humana. Hoy en día, el mundo natural, con toda su diversidad, está desapareciendo rápidamente y esto alimenta la exigencia de protección ambiental. Pero el mantenimiento del capital ambiental, en este sentido, tiene muy poco que ver con la protección del medio ambiente. El capital natural puede mantenerse, o podría mejorarse, aunque –y muy probablemente *debido a que*– el mundo natural se esté agotando. Consideremos, por ejemplo, la construcción de un teleférico que transportara a inválidos y discapacitados, pero también sin duda a muchas personas en posesión de sus facultades, hasta la cumbre de una montaña majestuosa. Podría afirmarse que la capacidad del mundo natural para atender las necesidades humanas

–en definitiva, el capital natural– se ha mejorado mucho, aunque el mundo natural resulte disminuido. Es de observar la extraordinaria desproporción entre el problema (la desaparición del mundo natural) y la solución (la mejora del capital natural).

Pero ¿no contribuiría la conservación del capital ambiental a mantener y restablecer las comunidades y, por consiguiente, a obtener dividendos económicos, morales y ecológicos? Esto también podría ser sólo una vana esperanza por dos razones. La primera es que para aplicar políticas sostenibles es necesario que existan ya los hábitos, instituciones, tradiciones y prácticas que conforman los valores de la comunidad. Pero ni siquiera esto sería suficiente si estas tradiciones y prácticas no son autocríticas, autorrenovables y sensibles a las preocupaciones históricas y relativas al reparto de los bienes.

¿Podemos decir que el mandato de mantener el capital natural constituye una parte necesaria del proceso? En realidad no, debido a que centrar la atención en el logro de resultados precisos es centrarla en un punto erróneo. Lo que necesitamos es concentrarnos en las condiciones que hay que cumplir para facilitar una participación positiva y contextualizarnos en el proceso histórico en el que nos encontramos, es decir, en un mundo de las tradiciones y prácticas antes mencionadas. De esta manera, veremos que lo único que representará una verdadera diferencia no es "mantener el capital natural", sino una visión centrada en los elementos que hacen que la vida humana vale la pena ser vivida. Ello sólo representará una diferencia, ecológicamente, si la presencia de los seres no humanos se considera un componente constitutivo de esta visión de manera no negociable.

Lo que se no tiene en cuenta es que los mercados, lejos de ser instituciones que revelan inocentemente preferencias no lucrativas, son de hecho entes altamente especializados cuya función consiste, en parte, en *liberarnos* de un conjunto de inhibiciones muy arraigadas y de obligaciones colectivas que normalmente tienen lugar en una sociedad. Esta teoría puede ser demostrada empíricamente, como lo prueba el fenómeno que los psicólogos sociales llaman "efecto de exclusión", que surgió por primera vez cuando Richard Titmuss (1970) sugirió que remunerar a los donantes de sangre podría tener un efecto más disuasorio que incitativo. Un ejemplo reciente lo ofrece una guardería en Israel, donde los padres solían llegar tarde a recoger a sus hijos (Gneezy y Rustichini, 2000). Después de que se impusiera una fuerte multa a los padres que llegaban con retraso –esperando que esto les hiciera ser puntuales, como habría pronosticado la teoría clásica– se constató un *notable aumento* de los retrasos. Los padres se consideraban ahora con *derecho* a llegar tarde porque habían pagado por el privilegio. Esta nueva motivación económica se impuso frente a la anterior consideración por el personal de la guardería.

LA RESPUESTA ÉTICA A NUESTRO PROBLEMA

Para algunas personas, incluso las dedicadas a la elaboración de una ética ambiental, los seres humanos siguen siendo el núcleo central de la preocupación ética, no sólo porque son los únicos seres capaces de expresar esta preocupación, sino porque son los únicos que tienen derecho a ser objeto de la misma. Lo que ha cambiado no es la base de su ética, sino el hecho de que ahora comprenden por qué afecta tanto a nuestras vidas y a las de los demás nuestra relación con el medio ambiente. Esta toma de conciencia, a la que la ecología ha contribuido en no escasa medida, se expresa en relación con nuestros contemporáneos –de ahí el aumento de la preocupación por los países en desarrollo– y con nuestros descendientes; de ahí nuestro interés por la sostenibilidad que, según una interpretación popular, refleja nuestra preocupación por las generaciones futuras (CMMAD, 1987, pág. 43).

Para muchos, sin embargo, los nuevos desafíos ambientales han provocado una respuesta más radical. Inspirados en una serie de disciplinas, entre ellas la ecología, algunos filósofos ambientales afirman haber descubierto, o redescubierto, un ámbito de consideración ética que existe, paralelamente o incluso independientemente, de la esfera de las relaciones entre los humanos. La tesis menos radical es que la consideración ética debería hacerse extensiva a los animales sensibles o a los seres vivos en general. La más ambiciosa es que debería hacerse extensiva a cosas que no están vivas, como el suelo, el agua, la arena y las rocas, o incluso a conjuntos de seres vivos y/o cosas inanimados como las especies, las comunidades, los ecosistemas y el propio planeta. Estas ideas tienden a expresarse en la opinión de que las entidades naturales, o algún subconjunto de entidades naturales, tienen un "valor intrínseco", es decir que tienen un valor por derecho propio y no son simplemente un medio a disposición de nuestra especie.

El problema al que se enfrentan los filósofos, y al que han dedicado una considerable atención, es el de estructurar la base que permita afirmar que este grupo más amplio de seres es digno de "consideración moral" o tiene un valor intrínseco. Las razones para incluir a criaturas sensibles en una comunidad moral tienden a centrarse en el hecho de que poseen intereses, es decir, que dichas comunidades tienen condiciones de vida más o menos agradables. Los animales y las plantas no sensibles representan un caso más difícil. Aquí, el obstáculo principal es que no tiene sentido atribuir intereses a organismos desprovistos de la capacidad de tener experiencias: ¿cómo puede perjudicar lo que acontece en el mundo a una criatura que no es capaz de *experimentar* lo que le rodea? Pero, Robin Attfield (1983), Paul Taylor (1986), y otros, han sostenido que las plantas tienen también una vida que defender y que hay un patrón en su actividad vital que muestra si estos organismos están vivos o muertos, sanos o enfermos. Los procesos de autoorganización del ciclo vital de las plantas es un ejemplo y éstos son de un orden distinto al de los procesos mecánicos del mundo inorgánico.

Sin embargo, aunque aceptemos que todos los organismos *individuales* tienen un sistema de vida que preservar y, por ende, intereses que confieren un valor moral, carecemos de argumentos similares para defender otras esferas del mundo natural como las especies, los hábitats y los ecosistemas. En este caso, la idea del interés ya no parece aplicable. Como observa Andrew Brennan: "Un sistema natural (...) no tiene un interés propio (...) ni siquiera podemos dar sentido a la aplicación de esta idea a las comunidades y los ecosistemas" (1988, p. 155). Robin Attfield, dispuesto a encontrar un valor intrínseco en cada ser vivo, sólo ve un valor instrumental en los ecosistemas. Los ecosistemas son los medios por los que se produce el valor propio de los individuos (1983, pág. 159).

No obstante, considerar que los ecosistemas son simplemente medios instrumentales para las vidas de los organismos individuales plantea el problema de averiguar si con ello se hace justicia a las interacciones *históricas* entre las cosas vivas y sus entornos. Un factor *esencial* de la modesta anémona del bosque, por ejemplo, es que sus características y sus hábitos han sido configurados por su hábitat a lo largo de determinado tiempo ecológico y evolutivo. Esta situación muestra que parecería extraño atribuir al bosque sólo el carácter de factor instrumental en la construcción del valor de la anémona. Una alternativa propuesta por Holmes Rolston es atribuir a estas entidades un "valor sistémico". Rolston observa que los hábitats, los ecosistemas y las comunidades son, cada uno a su manera, "unidades de supervivencia" derivadas de la selección natural que encarnan modelos y relaciones repetibles, aunque menos complejos que los que encontramos en los organismos individuales (1987, págs. 258-61). En todo caso, el rechazo de Brennan a la idea de que un ecosistema, como un "todo", pueda reproducirse no ha suscitado ni mucho menos una aceptación general, y se ha hecho un intenso esfuerzo por elaborar teorías en torno a nociones tales como la "salud del ecosistema", o la "integridad ecológica", conceptos expuestos en el ensayo "The land ethic" (La ética de la tierra), último capítulo de la obra de Aldo Leopold, *A Sand County Almanac* (Brennan, 1988; Leopold, 1949). Ambas ideas presuponen la presencia de modelos, estructuras y normas en la naturaleza a un nivel superior al del individuo y la especie. En este sentido, el destino individual y de la especie está vinculado, en cierto modo, a la capacidad de la teoría ecológica de encontrar una función explicativa para las estructuras y las normas en este nivel.

Un enfoque distinto consiste en atribuir un valor intrínseco a las entidades naturales en virtud de su "naturalidad". Se han ofrecido varias explicaciones respecto a las entidades naturales en las que recae este valor. Bill McKibben (1989, págs. 43 y 44), por ejemplo, dice que la naturaleza es una "provincia independiente y salvaje, un mundo ajeno al hombre, quien tuvo que adaptarse a ese entorno". Pero, lamenta McKibben, nosotros hemos puesto fin a la naturaleza, en gran parte como factor incidental y relacionado con la tecnología, más que como un resultado directo de ella:

> De un modo bastante accidental, resultó que el dióxido de carbono y otros gases que producíamos –en nuestro intento de conseguir una vida mejor, calentar las casas y lograr un crecimiento económico constante y una agricultura tan productiva que nos liberase de otros trabajos– *podían* alterar la acción del sol, o intensificar su calor. Y este aumento *podía* cambiar los patrones de humedad y sequedad, causar tormentas en nuevos lugares y desertificar tierras.

En un tono similar, Eric Katz (1997) sostiene que la característica esencial de las entidades y los sistemas que componen la naturaleza, y que distingue a éstas de los artefactos, es su independencia de los objetivos y las metas humanas. Según Katz la autonomía y la autorrealización son valores primigenios y las entidades y sistemas naturales tienen importancia porque poseen estas características. De ahí que la relación humana con el mundo natural deba limitarse a las intervenciones, alteraciones y gestiones necesarias para la prosperidad *humana* sin llegar a un dominio absoluto. Ambas explicaciones están basadas en la noción de que la naturaleza y las cosas naturales tienen un valor intrínseco que es destruido por la tecnología, la cual, al transformar los recursos naturales para fines humanos, es considerada dominante y utilitarista.

Muchos piensan que estas explicaciones del valor de la naturaleza no son realistas por dos razones. En primer lugar porque tomarlas en serio haría que el entorno fuera inhabitable. En segundo lugar, porque el mundo en el que vivimos no se rige por este entendimiento de la naturaleza. En apoyo a la primera objeción, se podría argumentar que conceder a la naturaleza un valor intrínseco implica que renunciemos a toda interacción utilitaria con ella, lo cual es absurdo. Steven Vogel (2002) expone la segunda objeción en un reciente artículo. Según este autor, el concepto es tan confuso que "la filosofía ambiental debería prescindir por completo del concepto de naturaleza". Vogel afirma también, como muchos otros, que hoy en día nuestro mundo es tan complejo que no es posible establecer una diferencia categórica entre lo natural y lo no natural o lo artificial.

Ninguna de las dos objeciones es convincente. Ante todo, considerar que la naturaleza tiene un valor intrínseco no puede hacer que prescindamos de toda interacción utilitaria con ella. Es cierto que el hecho de preguntar cómo reducir las emisiones de carbono o restablecer la calidad del agua potable no equivale a pensar directamente en la naturaleza como algo intrínsecamente valioso, pero no lo *excluye*. Además, decir que algo tiene un valor intrínseco no es asegurar que este valor sea absoluto, en un sentido de obedecerlo y seguirlo a toda costa. Éste consiste en considerar la situación cuando se nos pida "sacrificar" el valor intrínseco, es decir, que lo ocurrido presente las características de un sacrificio y no de un trueque o una negociación. Y es que parte de la ideología en que se inspira la atribución de valor intrínseco a la naturaleza se basa precisamente en el hecho de que la naturaleza es, en muchos aspectos, irrepetible, por lo que su pérdida sería una tragedia y no una simple desgracia.

Para responder a los argumentos de Vogel, no cabe duda de que el concepto de "naturaleza", y su concepto antitético de "artefacto", precisan de una definición más minuciosa. Por razones a las que me referiré en breve, parecería poco prudente, incluso reprobable, dar una definición simple de "artefacto" como un elemento influido por la actividad humana, como parece sugerir McKibben (1989). Tampoco puede decirse que un "artefacto" sea, sencillamente, cualquier producto humano, porque también lo son las lágrimas humanas, que desde luego no son artefactos (¡salvo que sean "lágrimas de cocodrilo!"). Para empezar a comprender lo que significa este concepto, veamos el caso de una planta cultivada como producto de múltiples cruces. Si sembramos la semilla de esta planta, lo que crecerá será, desde luego, un "artefacto", pero lo que hace de ello un artefacto no es que lo hayamos plantado, y en ese sentido le hayamos dado existencia, sino la contribución del ingenio humano a dar forma a esta clase de planta. Por lo tanto, una cosa es artificial, dependiendo de si –y sólo si– su naturaleza es resultado en parte de un acto deliberado o intencional que habitualmente requiere la aplicación de algún arte o técnica. A su vez, una cosa es natural si –y sólo si– no debe nada de su ser a un acto deliberado o intencional. Esto se aproxima a la explicación que da J. S. Mill en su célebre obra *La Naturaleza* (1874). Así pues, no resulta tan obvio que el concepto de la naturaleza y la distinción correspondiente entre la naturaleza y artefacto no sean aplicables, como tampoco lo es que sea algo que sólo puedan decidir los filósofos. George Peterken es un ecólogo forestal y, en el capítulo II de su obra *Natural Woodland* (Bosques naturales, 1996), expone una tipología maravillosamente detallada de las diferentes clases de bosques naturales que va desde "original-natural" hasta "futuro-natural" y, por si fuera poco, añade una "escala de ocho puntos [de naturalidad] aún más detallada que puede aplicarse a los bosques antiguos seminaturales" (pág. 15). Su exposición –la exposición de un especialista en silvicultura– desmiente sobradamente el escepticismo de Vogel.

Crítica de la respuesta ética

Sin duda, estas ideas y debates han contribuido a poner en perspectiva nuestra compleja situación ambiental. No obstante, como es natural, hay varias cuestiones que siguen siendo objeto de un vivo debate. Veamos algunas de ellas en los apartados siguientes:

I) ¿Un uso (indebido) de la ecología?

La primera consideración es si el enfoque ético está erróneamente vinculado con teorías ecológicas particulares, e incluso con conceptos tales como el de "ecosistema", que podrían resultar más efímerós que los valores que se supone estas teorías deben defender. Tampoco hemos de olvidar que, en el ámbito de la ecología, las teorías de los ecólogos de la población pueden diferenciarse mucho de las de los ecólogos de sistemas.

Así pues, corremos el peligro de atribuir demasiada importancia a las teorías ecológicas recientes que, después de todo, pueden sufrir un cambio tan radical como las diferencias de enfoque que presentan. Como sugiere Donald Worster, podría suceder que el concepto de ecosistema estuviera condenado a una rápida desaparición (1990, págs. 1-2).

II) ¿Una aplicación errónea de las categorías?

Un segundo problema atañe al modo en que algunas de las teorías éticas transfieren conceptos y preocupaciones del contexto humano al contexto no humano. Aunque estos autores insisten en afirmar que sus teorías no son de carácter expansionista, es decir, que el valor atribuido a la naturaleza no es una expansión del atribuido a los seres humanos. Sin embargo, muchas veces caen en el expansionismo porque transfieren conceptos tales como "interés" o "individuo" a contextos donde no es seguro que estas nociones tengan sentido. Como concepto, "un individuo", por ejemplo, no es lo mismo que "un ente particular". Un individuo es una sustancia y, a diferencia de un ente particular es, como dice Aristóteles, "indivisible". Además, los individuos no se diferencian ("individúan") simplemente por su delimitación actual, sino por sus orígenes históricos. Lógicamente, un ser humano no pudo haberse formado de otra cosa que no fueran los gametos que le dieron origen. Con las plantas las cosas no son así: una planta se puede "dividir", pero una ardilla no. Así pues, el concepto de "individuo" no tiene la misma fuerza metafísica cuando se aplica a las plantas, incluidos los árboles que se reproducen a partir de esquejes, rizomas, etc., que cuando se adjudica a los animales, y específicamente a los mamíferos. En resumen, la aplicación de estos conceptos a la naturaleza resulta forzada y, muchas veces, ésta es valorada por sus referentes y no por lo que verdaderamente es.

III) ¿Qué decir del valor intrínseco?

Una tercera cuestión concierne a la problemática noción del valor intrínseco. En primer lugar, esta noción presenta múltiples ambigüedades, debido a las diversas interpretaciones de "naturaleza" y "valor intrínseco" como conceptos. Pensemos en la creencia de que la naturaleza tiene un valor por derecho propio y no sólo como recurso humano. Entonces "intrínseco" se opone a "instrumental"; o bien en la creencia de que las cosas naturales tienen valor en virtud de sus propiedades intrínsecas, y en este caso "intrínseco" se opondría a "extrínseco"; otra interpretación podría basarse en la idea de la naturaleza como poseedora de un valor, independientemente de que ésta sea valorada por cualquier sujeto. Los tres sentidos son distintos, y es perfectamente posible, por ejemplo, afirmar el valor intrínseco de la naturaleza en el primer sentido y negarlo en el tercero.

Por otra parte, como consecuencia de las influencias cristiana y cartesiana, la noción de "valor intrínseco" nos invita, en todos sus sentidos, a concebir erróneamente al sujeto moral como aquel que valora su entorno pero que se mantiene ajeno a éste, y no como un agente participante, incorporado y comprometido con una red de relaciones. Esto trae como consecuencia la idea de que el valor puede pertenecer a un sujeto aislado de cualquier relación establecida con su ambiente y esta afirmación, en el contexto del mundo natural, es muy poco acertada. Cabe añadir que hay incoherencia e imprecisión en la combinación de los términos "intrínseco" y "valor". El término "intrínseco" invita a centrarnos en la propia cosa, y a atribuirle una especie de valor que no debe nada a una fuente externa. El concepto de valor, en cambio, nos obliga prácticamente a mirar fuera de la propia cosa, porque ¿cómo puede tener sentido un concepto de valor que no implica una perspectiva, en este caso, externa? Además, la intuición que se apoya en la idea de la naturaleza como *valor intrínseco* hace pensar que la propia naturaleza es el criterio por el que se mide el valor. No obstante, la base que respalda la noción de que la naturaleza tiene un *valor* intrínseco es que ésta se expone al juicio humano. En todo caso, es difícil dar una interpretación del concepto de valor que no dependa del juicio humano.

IV) ¿Descuidar las relaciones hombre-naturaleza?

Cabe preguntarse también si al prestar demasiada atención al valor intrínseco no se está descuidando la importancia tanto de las relaciones producidas dentro de la naturaleza, como de las relaciones entre ésta y los seres humanos, aunque esta omisión se está corrigiendo hasta cierto punto con los recientes trabajos dedicados a la importancia del apego al lugar y con los estudios de inspiración feminista sobre la ética compasional. En el sentido más amplio del término, el mundo natural todavía representa una importancia suprema para nosotros, simplemente porque nos ofrece los entornos donde vivimos nuestra vida. Nuestras relaciones con estos ámbitos son complejas y cuatro de ellas parecen de especial importancia:

- Vivimos *de* ellos: nos proporcionan los medios de subsistencia.
- *Les* debemos algo: constituyen nuestra comunidad moral.
- Vivimos *en* ellos: son nuestros hogares y los lugares familiares en los que se desarrolla la vida cotidiana y que dan a ésta un sentido, y en los que se insertan las historias personales y sociales.
- Vivimos *con* ellos y *junto* a ellos: nuestras vidas se desarrollan en el marco de un mundo natural que existía antes de nosotros y que seguirá existiendo cuando el último ser humano haya dejado de vivir.

V) ¿Una desvalorización del valor utilitario?

Por último, hay que ver si la consideración atribuida al valor intrínseco impide que tengamos debidamente en cuenta el valor utilitario. Esta posibilidad se manifiesta de tres maneras:

a) Atribuimos demasiada importancia al valor del producto y al resultado del uso de los recursos, y no apreciamos debidamente el proceso mismo, capaz de ofrecer sus propios valores. Me refiero aquí a los valores implícitos, por lo menos en principio, en las actividades de la industria y de la agricultura: el valor y la dignidad del trabajo; el desafío y la satisfacción de ejercer un oficio y aplicar una técnica y, especialmente en los casos de la jardinería y la agricultura, la recompensa y el intercambio productivo con otras formas de vida y las oportunidades de cuidarlos y verlos crecer.

b) Los ecologistas tienden a criticar a los hombres por su estupidez, ignorancia y codicia, defectos reflejados en el *abuso* de los recursos. Bajo esta lógica, es fácil formular juicios negativos y, sin duda alguna, en la historia humana hay muchos ejemplos de prácticas abusivas. No obstante, este diagnóstico puede ser un contrasentido histórico. Pienso que gran parte de la apropiación humana de los recursos ambientales ha sido, y sigue siendo, relativamente inocente: se trata de personas corrientes que tratan de ganarse la vida, protegerse de las condiciones adversas, alimentarse y alimentar a sus familias. Desde esta perspectiva, no parece muy correcto afirmar que la historia es un relato de la codicia humana.

c) La atención que prestamos al valor intrínseco oculta los valores instrumentales y extrínsecos inherentes tanto al mundo natural como a los seres humanos que habitan ese mundo: desde los pájaros que se comen los gusanos que hemos sacado de la tierra con el sudor de la frente, hasta las chinches y las pulgas que nos acompañan en nuestro sueño, pasando por las bacterias que viven tranquilamente en nuestro sudor y nuestro organismo. Volviendo a prestar mayor atención al papel, potencial, y al valor de las relaciones instrumentales y extrínsecas, y concentrándonos menos en el valor intrínseco, tendremos muchas más probabilidades de alcanzar los objetivos inseparables de proteger el ambiente natural y asegurar nuestra subsistencia.

IMPULSAR LA REFLEXIÓN

Sobre la base del análisis precedente, quisiera formular una propuesta metodológica y *otra* propuesta normativa con objeto de impulsar la reflexión.

A. Propuesta metodológica

Individuos e instituciones

La propuesta metodológica consiste en reflexionar de un modo más imaginativo y amplio acerca del *nivel* de la crítica ética. La reflexión ética debe concentrarse en las *instituciones,* por ejemplo, las *instituciones* reguladoras, las *instituciones* de investigación y las responsables de la toma de decisiones, o la *institución* de los derechos de propiedad, etc. No obstante, proponer una crítica ética de las instituciones es abrir un canal relativamente nuevo y difícil porque, aunque nuestras instituciones son evidentemente creaciones humanas, no es fácil deshacer el enredo de la responsabilidad. Si acusamos un régimen político, la religión, la justicia o el mercado de ciertos fallos, ¿a quién estamos acusando exactamente? Sin embargo, la crítica de las instituciones es esencial, debido a que están cargadas de bagaje ético y nosotros expresamos nuestras prioridades por conducto de aquellas que aceptamos y apoyamos.

Un buen ejemplo de esto es el reciente brote de fiebre aftosa que afectó al campo en el Reino Unido, especialmente a su ganado vacuno, bovino y porcino. Los resultados inmediatos fueron devastadores: sacrificio en masa de animales, pérdidas y traumas personales, el desplome de los sectores de la agricultura y del turismo en la economía británica. Pero era imposible, por lo menos de un modo convincente, hacer responsable del brote a alguna persona, o siquiera a alguna dependencia gubernamental que no hizo lo necesario para evitar el brote. En cambio, era mucho más plausible creer esto de las instituciones, es decir, creer que si *ellas* hubiesen procedido de forma distinta, el episodio quizá no hubiera sucedido, y ello porque, más allá del drama inmediato, se plantearon cuestiones de mayor importancia acerca de la viabilidad de las explotaciones agrícolas en tierras altas, las prácticas agrícolas de entonces, el poder de la economía alimentaria, los derechos de los consumidores, las reglamentaciones de la Unión Europea, etc.

Se plantearon cuestiones más específicas, por ejemplo acerca del programa de investigación científica y la reglamentación de ésta. ¿Está excesivamente orientada la investigación hacia proyectos prestigiosos y no hacia la labor cotidiana de investigar los medios por los que se trasmitió el virus decididamente poco prestigioso de la fiebre aftosa? ¿Era realista el sistema de regulación? Se pidió insistentemente a los automovilistas que rociaran sus vehículos con desinfectante cuando, según un destacado toxicólogo que conozco, sólo una inmersión plena durante media hora habría tenido algún efecto contra el virus; lo que se buscaba no era una protección real sino la apariencia de una protección. Otras instituciones involucradas en este debate fueron la agricultura intensiva, que constituye cada vez más un paraíso para los microbios, y el mercado; el poder de las cadenas de supermercados refleja a su vez ciertas convicciones éticas, como el respeto absoluto de la elección del consumidor; esos y otros ideales, en los cuales se basa el funcionamiento normal de la cadena alimentaria, requieren de una investigación más detenida. La lección general que debe extraerse de este episodio es que gran parte del daño al medio ambiente que debemos remediar urgentemente no es resultado de decisiones individuales, sino más bien de prácticas institucionales y pautas de conducta continuas y endémicas.

Un ejemplo distinto lo ofrece el apego de los responsables de las políticas al análisis de la dinámica costos-beneficios, si bien cada día hay más pruebas de que, como práctica institucionalizada aplicada a grandes proyectos públicos, este análisis se equivoca sistemáticamente. Bent Flyvbjerg y otros (2002) observan que en un período notablemente largo, y en una amplia variedad de países y proyectos, los análisis de costos-beneficios de proyectos públicos subestiman los costos de los proyectos y tienden a sobreestimar sus beneficios. En toda esta historia no hubo ninguna indicación de que las instituciones hubieran aprendido algo y se repetían los mismos errores. ¿Cómo reaccionar frente a esto? Cabría pensar que se está produciendo un engaño sistemático, lo cual no es del todo sorprendente si consideramos que los que participan en el proceso de evaluación de esos proyectos a menudo están interesados en su realización. No obstante, hablar del engaño no significa denunciar mentiras individuales, ni la falta de honradez de aquellos que participan individualmente en los procesos de evaluación de los proyectos públicos. Dado que la distorsión de los costos y los beneficios es sistemática, se trata más bien de las estructuras, procedimientos, hábitos y normas de las instituciones. Son los procedimientos institucionales y las estructuras de poder y de intereses lo que hay que valorar, más que decisiones, actos y agentes puramente individuales.

Pero ¿cómo y dónde localizaremos las decisiones responsables de estas pautas y prácticas y qué debemos hacer si éstas deben someterse a examen y crítica ética? El proceso individual referente a la toma de decisiones carece de claridad. Parte de la respuesta radica en la observación de que la claridad aparente de este proceso individual es ilusoria. El "momento" de la decisión, precedido por la deliberación y seguido por la acción, existe solamente en la ficción, la racionalización y las "teorías" de la toma de decisiones. En la vida real las decisiones, especialmente las de cierta importancia, se toman de otra manera y con frecuencia decidimos hacer cosas sin disponer de un momento específico para la elección. En muchos casos, tampoco ha habido un proceso de deliberación que haya precedido el momento particular de decisión. Con más frecuencia de lo que estamos dispuestos a admitir, nuestras decisiones son resultado de nuestros hábitos, nuestras rutinas vitales, de una reflexión sobre nuestras vidas, o de respuestas improvisadas a circunstancias fortuitas. Esto puede decirse igualmente de las instituciones y las organizaciones; en ellas, las decisiones tampoco se derivan de un proceso específico de reflexión, sino de la rutina y los hábitos de las instituciones y, a veces, de la aplicación irreflexiva de procedimientos normalizados. Por ello, como ocurre en los casos individuales, es difícil determinar el momento de la decisión. A menudo, no hay un momento específico de la toma de una decisión y, aunque lo haya, lo que debe tenerse en cuenta no son las decisiones consideradas individualmente, sino el patrón de la toma de decisiones.

La segunda parte de la respuesta se refiere a la relación existente entre el carácter y la decisión. Como observa Aristóteles, la deliberación es el núcleo de la elección. Pero paralelamente, y con la misma importancia, está el papel que desempeñan los hábitos y el carácter, cuya formación está interrelacionada con esos procesos de elección y deliberación. Por una parte, con las decisiones que tomamos formamos nuestro carácter y, por la otra, también lo expresamos con las decisiones. De modo análogo, lo que puede llamarse el "carácter" de las organizaciones y las instituciones, incluidas su estructura y su cultura, está formado por la acumulación de decisiones particulares y se expresa mediante esas decisiones. Además –y éste es el punto clave– podemos ser tan responsables de nuestro "carácter" como de nuestras decisiones; nuestros hábitos y rutinas son, de por sí, objetos potenciales de deliberación y decisión; podemos reflexionar acerca de ellas y tomar la resolución de cambiarlas, por ejemplo en Año Nuevo. Debido a que podemos reflexionar, deliberar al respecto y cambiar nuestros medios rutinarios de proceder somos responsables de nuestras decisiones y de los resultados de nuestra acción habitual. Aquellos que ejercen el poder en las organizaciones son responsables de las rutinas de comportamiento que caracterizan a estas instituciones, de igual modo que los individuos son responsables de su carácter. En estas circunstancias, un modelo discreto e individualizado de toma de decisiones dentro de las instituciones, lejos de facilitar la atribución de responsabilidad, en realidad la frustra. Así pues, en último término este nivel de crítica ética puede y debe aplicarse mediante la aplicación de la ley y, en particular, mediante un planteamiento más sólido de la responsabilidad empresarial e institucional.

B. Propuesta normativa

Relaciones significativas para una vida que vale ser vivida

La propuesta normativa consiste en reconsiderar la noción de una "vida buena" si queremos abordar de un modo más fructífero las cuestiones éticas planteadas por la situación del medio ambiente. Concretamente, es necesario dejar de prestar tanta atención a la satisfacción de las preferencias y concentrarnos más en la noción de una vida que vale la pena ser vivida. No se trata necesariamente de negar todo significado a las preferencias, sino de centrarse en los aspectos del deseo que tienen que ver más con la aspiración que con el consumo. Esto sugiere que la vida buena reside más en la formación que en la satisfacción de las preferencias.

Considero, a este respecto, que vivir una vida plena depende, entre otras cosas, de nuestra capacidad para mantener relaciones significativas. Me parece que la relación normal entre esos dos términos significa reciprocidad entre ambas partes: las vidas que valen la pena ser vividas suelen conllevar relaciones significativas, y las relaciones significativas reflejan normalmente vidas plenas. Esto se desprende, por ejemplo, de la distinción entre una relación significativa y un acontecimiento importante: sufrir un accidente de automóvil y verse condenado a una silla de ruedas para siempre, evidentemente, es un acontecimiento importante en la vida de una persona pero, en una primera etapa, este hecho puede tomarse como una circunstancia que priva de sentido a esta vida. Podríamos plantear, pues, un criterio para distinguir la noción de una vida de verdadera calidad. Las relaciones significativas son las que contribuyen a una vida plena, mientras que los acontecimientos importantes pueden o no contribuir a ella. Incluso los sucesos importantes que inicialmente parecen frustrar las perspectivas de una vida plena no siempre lo hacen: una relación significativa puede reconstituirse a partir de una silla de ruedas. Hasta ahora me he basado, en cierta medida, en una comprensión intuitiva del término "relación significativa". El examen siguiente de algunas objeciones y aplicaciones tiene por objeto exponer la cuestión con más profundidad.

Objeciones y aplicaciones

La objeción quizá más obvia a la propuesta es que ésta carece de fuerza al diferenciar o separar los distintos casos que se presentan. ¿Acaso no somos capaces de dar un sentido a todo? Somos nosotros, seguramente, los que decidimos lo que son o no relaciones significativas y, en principio, podemos decidir que cualquier cosa lo es. No obstante, dudo que las relaciones significativas sean tan fáciles de establecer. Una vida plena, una vida significativa, crea el contexto necesario para una relación significativa y ésta debe inscribirse en la continuidad de una historia real, no ficticia, y no basta simplemente con imaginarla. Y, aunque quizá no sea imposible, las vidas significativas sin conexión alguna con el mundo natural son, desde luego, sumamente difíciles de invocar. La destrucción del mundo natural representa mucho más que la destrucción de nuestros medios de subsistencia: entre las pérdidas colaterales se encuentran la destrucción del entendimiento, la destrucción de la sensibilidad y, en consecuencia, la destrucción del sentido. Con frecuencia no apreciamos suficientemente la fuerza de nuestra búsqueda de sentido, tanto en el ámbito individual como en aquel donde se dicta la secuencia de acontecimientos entretejidos en nuestra vida. Cuanto más podamos descubrir una trayectoria significativa de relaciones entre el pasado y el presente, más significativo será nuestro recorrido. La continuidad y el contacto con el pasado son importantes tanto para la cultura como para la naturaleza, de ahí el llamamiento a mantener una actitud de respeto en la conservación de la naturaleza.

Otro problema es saber si el concepto de relación significativa es suficientemente fiel al concepto de la naturaleza o, por lo menos, todo lo fiel que creemos que deber ser. Podemos responder brevemente que lo es porque, a mi parecer, la "naturaleza" es un concepto profundamente histórico y, por ende, cargado de significado. Las relaciones naturales son un paradigma de las relaciones significativas por la historia (pasada) que encierran en ellas y por la historia (futura) que éstas anuncian. Dichas relaciones abarcan, por ejemplo, todas las relaciones bióticas que hacen posible la evolución, la formación de especies y la biodiversidad; por consiguiente, las relaciones significativas pueden ser evolutivas y ecológicas, así como culturales. La principal diferencia entre los "significados" naturales y culturales estriba en el hecho de que las relaciones culturales tienden a ser *significativas para* las partes interesadas, mientras que las relaciones naturales no.

Contamos ya con un concepto, pero ¿tiene éste alguna aplicación práctica? Ante todo, parece poseer cierta fuerza descriptiva; por ejemplo, no es totalmente inverosímil encontrar expresiones públicas de preocupación acerca de la tecnología (especialmente respecto a las biotecnologías), que con frecuencia son preocupaciones acerca de la "antinaturalidad" de ciertos procesos, y que también reflejan inquietud sobre la pérdida de significado derivada de la ruptura de las relaciones. Para muchos, la tecnología de la modificación genética practica formas de desplazamiento y dislocación que perturban y disminuyen el significado, especialmente el atribuido a las relaciones "naturales". Esta práctica prescinde de las relaciones evolutivas y ecológicas significativas y las sustituye por relaciones moleculares. Algo similar ocurre con los temores relativos a la pérdida de biodiversidad, interpretadas equivocadamente como pérdida de variedad y riqueza, aunque esto es algo que los ingenieros genéticos pueden remediar. Desde nuestro punto de vista, estas preocupaciones tendrían mucho más que ver, probablemente, con una pérdida de relaciones familiares y significativas. Por lo general, el respeto a un legado histórico –cultural, ecológico o evolutivo– que es el elemento central de las preocupaciones de la gente acerca de la "naturaleza", la "biodiversidad", etc., no debe verse como la garantía de un "recurso" más entre otros, sino como la lente a través de la cual los otros "recursos" adquieren su verdadero significado.

Además, esta propuesta parece tener cierta utilidad para determinar un diagnóstico. Con ella se explicarían, por ejemplo, las muy distintas reacciones a la tecnología de la información, por una parte, y de las tecnologías biológicas, por otra. En todo caso, puede afirmarse que el impacto de las tecnologías de la información, hasta ahora, ha sido positivo y ha mejorado las posibilidades de establecer relaciones significativas, sobre todo en los sectores de la comunicación y la actividad social. Pero esto podría cambiar: ya empezamos a ver los usos negativos e inquietantes de esta tecnología en su utilización para la delincuencia y la pornografía.

Por último, el concepto de relaciones significativas nos permite precisar no sólo lo que puede percibirse como amenaza, especialmente para el mundo vivo, sino también lo bueno que tienen las tecnologías que, en sus manifestaciones positivas, pueden facilitar las relaciones significativas. A medida que esto suceda, puede proponerse un criterio para distinguir las tecnologías "buenas" de las "malas".

CONCLUSIÓN

Las cuestiones con que se enfrenta la ética ambiental trascienden la esfera de la ética convencional. Lo propio puede decirse, creo, de la ética de la tecnología, por razones afines. De ahí que, más que verlas como subdisciplinas insignificantes de la ética general, debemos reconocer que ambas ramas apuntan a la necesidad de reconsiderar nuestra concepción de la ética. En suma, ello se debe a que la ética se ha ocupado hasta ahora de cómo vivir en "condiciones de vida" (relativamente) estables. No obstante, el progreso de la tecnología –primero industrial y ahora genética– ha desestabilizado estas condiciones.

En una primera fase, esta desestabilización fue, en gran medida, involuntaria, aunque ha tenido bastante responsabilidad en las preocupaciones más urgentes de la ética ambiental: la escasez y la degradación de los recursos (debidas a la contaminación y a la saturación del medio); el cambio climático (inducido por el hombre más que por los ciclos naturales); y la "pérdida" de biodiversidad (sin precedentes fuera de los períodos de extinción masiva y, de nuevo, inducida por el hombre).

En una segunda fase, bajo la creencia de que hemos "entrado al centro de la maquinaria de nuestra vida" (la nueva genética), hemos empezado a intervenir en los fundamentos mismos de ésta, persiguiendo en parte el objetivo tradicional de mejorar la vida humana siempre que sea posible y, también, en un intento de enmendar las desestabilizaciones provocadas por la tecnología industrial, por ejemplo, la introducción de la agricultura genéticamente modificada como una de las prácticas destinadas a la "seguridad alimentaria" mundial y el establecimiento de "bancos de genes" para luchar contra la pérdida de biodiversidad. Como consecuencia de ello, nos enfrentamos a una gran pregunta que trasciende la ética general y aún más la ética ambiental, de ahí el título de este trabajo. Así pues, ya no debemos preguntarnos: "¿cómo hemos de vivir en condiciones que podemos considerar estables?", sino "¿hasta qué punto debemos cambiar estas condiciones para una mejor calidad de vida?". Estamos poniendo el dedo en el misterio de la creación.

Recomendaciones generales

- La sostenibilidad, uno de los objetivos primordiales de la política ambiental, debe concebirse como un modo de preservar las relaciones significativas dentro de la cultura, dentro de la naturaleza y entre ambas esferas.
- Las organizaciones y las instituciones humanas son los vehículos más eficaces para mantener –o interrumpir– las relaciones significativas y, con base en ello, el objetivo prioritario de la política ambiental debe ser los hábitos y prácticas de estas organizaciones e instituciones.
- Puesto que la legislación es el principal instrumento para modificar la política ambiental, deben promulgarse leyes que adopten un planteamiento más sólido de la responsabilidad empresarial e institucional, a nivel nacional e internacional.

BIBLIOGRAFÍA

Attfield, R. 1983. *The Ethics of Environmental Concern*. Oxford, Reino Unido, Basil Blackwell.

Brennan, A. 1988. *Thinking About Nature*. Londres, Routledge y Athens, Georgia, University of Georgia Press.

Carson, R. 1962. *Silent Spring*. Boston, Mass., Houghton Miffin.

Chang, R. (ed.), 1997. *Incommensurability, Incomparability, and Practical Reason*. Cambridge, Mass., Harvard University Press.

CMMAD (Comisión Mundial sobre Medio Ambiente y Desarrollo). 1987. *Nuestro futuro común*. Segunda reimpresión. Madrid, España, Alianza Editorial.

Dworkin, R. 1993. *Life's Dominion*. Nueva York, Harper Collins.

Flyvbjerg, B.; Holm, M. S.; Buhl, S. 2002. "Underestimating costs in public works projects: error or lie?", en *American Planning Association*, vol. 68, n° 3, pp. 279-295.

Gneezy, U y Rustichini, A. 2000. "A fine is a price", en *Journal of Legal Studies*, vol. 29, n° 1, porte 1, pp. 1-18.

Goodin, R. E. 1992. *Green Political Theory*. Cambridge, Reino Unido, Polity Press.

Gray, J. 2004. *Heresies: Against Progress and Other Illusions*. Cambridge, Reino Unido, Granta.

Kaebnick, G. 2000. "On the sanctity of nature", en *Hastings Center Report*, vol. 30, n° 5, pp. 16-23.

Katz, E. 1997. *Nature as Subject: Human Obligation and Natural Community*. London, Reino Unido y Lanham, Mass., Rowman y Littlefield.

Knight, F. H. 1922. "Ethics and the economic interpretation", en *Quarterly Journal of Economics*, vol. 36, pp. 454-481.

Leff, E. 2000. "Sustainable development in developing countries: cultural diversity and environmental rationality", en K. Lee, A. Holland y D. McNeill (eds), *Global Sustainable Development in the 21st Century*. Edimburgo, Reino Unido, Edinburgh University Press, pp. 62-75.

Leopold, A. 1949. *A Sand County Almanac*. Oxford, UK, Oxford University Press.

McKibben, B. 1989. *The End of Nature*. Nueva York, Random House.

Mill, J. S. 1874. *Three Essays on Religion*. Londres, Longmans, Green, Reader and Dyer.

Passmore, J. 1980. *Man's Responsibility for Nature*. 2ª ed., Londres, Duckworth.

Pearce. D. W.; Markandya, A.; Barbier, E. 1989. *Blueprint for a Green Economy*. Londres, Earthscan.

Peterken, G. F. 1996. *Natural Woodland: Ecology and Conservation in Northern Temperate Regions*. Cambridge, Reino Unido, Cambridge University Press.

Rackham, O. 1986. *The History of the Countryside*. Londres, Dent.

Raz, J. 1997. "Incommensurability and agency", en R. Chang (ed.), *Incommensurability, Incomparability and Practical Reason*. Cambridge, Mass., Harvard University Press, pp. 110-128.

Rolston, H. 1987. "Duties to ecosystems", en J. B. Callicott (ed.), *Companion to A Sand County Almanac*. Madison, Wisc., University of Wisconsin Press, pp. 246-274.

Sagoff, M. 1988. *The Economy of the Earth*. Cambridge, Reino Unido, Cambridge University Press.

Taylor, P. 1986. *Respect for Nature: A Theory of Environmental Ethics*. Princeton, NJ, Princeton University Press.

Titmuss, R. M. 1970. *The Gift Relationship: From Human Blood to Social Policy*. Londres, Allen and Unwin.

Vogel, S. 2002. "Environmental philosophy after the end of nature", en *Environmental Ethics*, vol. 24, pp. 23-39.

Worster, D. 1990. "The ecology of order and chaos", en *Environmental History Review*, vol. 14, nos 1 y 2, pp. 1-13.

LA ÉTICA AMBIENTAL Y LA CIENCIA DEL MEDIO AMBIENTE

Mark Sagoff

A primera vista, la ética ambiental y la ciencia del medio ambiente parecen orientarse a objetivos distintos y basarse en diferentes argumentos y pruebas. La primera se ocupa de cuestiones tales como la justicia intergeneracional, la distribución justa de los riesgos, el respeto a la naturaleza, la compasión por los animales y la preservación del valor intrínseco y estético de los sitios naturales. Ésta también se apoya en nuestras intuiciones morales relativas a los derechos de los seres humanos a ser libres de la coacción implícita en cuestiones como la contaminación, los derechos o intereses que defienden la integridad de los animales, los derechos de las generaciones futuras sobre los recursos que gastamos y la calidad de la vida que podemos alcanzar si nos concentramos más en la conservación que en el consumo. Otra cosa de igual importancia es que la ética ambiental se inspira, a menudo, en la antigua tradición espiritual que considera la belleza y la complejidad de la naturaleza como entidades de origen divino, y ve en la creación algo tan majestuoso y misterioso que sería un pecado alterarla más de lo necesario, sobre todo si se destruye la belleza natural y su diversidad para aumentar un consumo que sobrepase el nivel de lo sostenible.

En cambio, la ciencia ambiental parece basarse, principalmente, en la observación y la experimentación para determinar patrones de causalidad o, en otras palabras, qué fenómenos son la causa de otros. Las cuestiones normativas, como los derechos y deberes que debemos respetar –para la naturaleza y para nosotros mismos– en relación con el medio ambiente, parecerían quedar excluidos del ámbito de una ciencia empírica como la ecología. Los ecólogos pueden decirnos lo que origina la extinción de una especie y recomendar métodos para evitarla; en cambio, los biólogos no nos pueden decir si *debemos* proteger a una u otra especie. El ecólogo Michael Rosenzweig ha escrito lo siguiente: "Las palabras 'bueno' y 'malo' constituyen juicios de valor y, por consiguiente, no pertenecen al vocabulario científico. Si una especie exótica redujera la diversidad en un 30%, ningún ecólogo podría decir que esta pérdida es negativa" (2001).

LA GRAN CADENA DEL SER

A pesar de la aparente disparidad entre la ética ambiental y la ciencia, estas dos esferas de investigación comparten conceptos, valores e hipótesis básicos. Muchas veces éstos adoptan la misma visión fundamental de la naturaleza como una jerarquía de niveles de organización. Holmes Rolston, en el artículo que figura en este libro, describe los niveles ascendentes de la naturaleza, desde su sustrato geológico hasta los organismos individuales como las plantas y los animales, y más tarde hasta los ecosistemas y las sociedades humanas que dependen de ellos. Rolston afirma que: "Los individuos no existen si no es como miembros de una especie. Las especies, a su vez, no existen si no es en nichos de ecosistemas". Así como la vida tiene lugar en una comunidad, dice Rolston, la investigación sobre el valor de la vida debe pasar del nivel del individuo a la escala de la comunidad o del ecosistema (*véase la pág. 64*).

Por regla general, los especialistas en la ética ambiental comparten la convicción de que las comunidades naturales o bióticas –y no solamente los individuos que habitan en ellas– poseen un valor intrínseco, o la "posibilidad de consideración moral" y, por lo tanto, requieren protección y respeto. El hecho de que la comunidad natural o el ecosistema tengan una organización, estructura o función susceptible de ser protegida es una hipótesis típica, no sólo de la ética ambiental, sino también de la teoría ecológica, según la cual: "hay una realidad en la estructura comunitaria [...]. Existe un elemento subyacente de organización y de constancia altamente significativo que ha estado presente durante centenares de miles o millones de años, con cambios generales y locales en uno u otro sitio, o en una u otra ocasión" (Wagner, 1993).

La visión de la vida como algo organizado jerárquicamente refleja una antigua tradición cultural que ve en la naturaleza una "Gran Cadena del Ser", imagen que, según el historiador A. O. Lovejoy, "se derivó principalmente de premisas filosóficas y teológicas", más que de la evidencia empírica o de la observación (1971). La imagen de la Gran Cadena del Ser encarna la importancia moral y religiosa que las poblaciones pertenecientes a la tradición occidental, entre otras muchas culturas, prestan desde hace tiempo a la diversidad de la vida. El poeta inglés Alexander Pope expresa hábilmente esta metáfora en su poema de 1751, *Ensayo sobre el hombre*.

> ¡Vasta cadena del ser, que empezó con Dios!
> Naturaleza etérea, humano, ángel, hombre,
> Animal, pájaro, pez, insecto, que nadie puede ver (...)
>
> Cuando se quiebra un escalón, la gran escalera queda destruida:
> Cualquier eslabón de la cadena de la Naturaleza
> El décimo, o el milésimo, la rompe por igual.

El elemento central de esta visión es la creencia de que el mundo vivo, desde los organismos hasta los ecosistemas, posee un orden o diseño inteligible en el cual cada criatura tiene una razón de ser, un "nicho", como diríamos ahora. En el siglo XII, el teólogo francés Abelardo cita el *Timeo* de Platón: "Todo lo que es generado, lo es por una causa necesaria, porque nada adquiere el ser sin una causa debida y una razón que la anteceda". Este principio de la razón suficiente explica las propiedades de la Gran Cadena del Ser, como la continuidad, la plenitud (la idea de que cada nicho está lleno), la graduación (toda la vida, desde la criatura más ínfima como el microbio, hasta la más grande que somos nosotros, sigue un orden jerárquico), y la interconexión de la vida en sistemas encajados en otros sistemas.

Tradicionalmente, los teólogos atribuían la organización de la naturaleza a causas divinas. Hoy en día, los científicos ambientales hablan en general de la mutación aleatoria y la selección natural para explicar la constitución de los organismos y prefieren decir que los ecosistemas se organizan a sí mismos, es decir, que "un ecosistema genera un orden espontáneo que envuelve y produce la riqueza, la belleza, la integridad y la estabilidad dinámica de sus componentes", como escribe Rolston en su artículo (*véase la pág. 65)*. Los ecólogos James J. Kay y Eric Schneider comparten esta opinión: "No hemos de olvidar nunca que los sistemas vivos se organizan sólos, es decir, que cuidan de ellos mismos. Nuestra responsabilidad consiste en no interferir en este proceso autoorganizador" (1995).

Hasta mediados del siglo XIX, la idea de la naturaleza como un sistema organizado en escalas ascendentes que abarca desde el microbio hasta el ecosistema entero, se atribuía a la teología natural. El Dios que había concebido al más pequeño de los organismos, se pensaba, también había organizado a las comunidades donde cada especie encontraba su nicho o lugar. Después de Darwin, los biólogos sustituyeron la intervención divina por la fuerza de la evolución o la selección natural para explicar la organización de los ecosistemas naturales o las comunidades. En su estudio clásico de 1887, *The Lake as a Microcosm* (El lago como microcosmos), Stephen Forbes afirma que en una comunidad natural, "se ha llegado a un equilibrio mantenido de forma regular y que proporciona a todas las partes integrantes el máximo beneficio que permiten las circunstancias" (1925). Para explicar este fenómeno, el autor cita el "poder benéfico de la selección natural que impone estos ajustes de las tasas de destrucción y multiplicación de las diversas especies, del modo más favorable para el interés común".

La hipótesis de que los principios de organización –razón suficiente, continuidad, plenitud, jerarquía e interconexión– caracterizan al mundo de los seres vivos, se encuentra en pensamientos diversos, desde el *Timeo* de Platón hasta en obras de los ecólogos modernos que siguen la tradición de Aldo Leopold, como Eugene Odum y G. E. Hutchinson, pasando por Plotino, los filósofos medievales, Spinoza y Leibniz. A mediados del siglo XX, los ecólogos, especialmente los provenientes de los Estados Unidos, pensaban que si se aislaban comunidades naturales como los bosques, éstas se desarrollarían hasta alcanzar una condición estable de homeostasis, equilibrio o clímax. Paul Sears (1959), como muchos ecólogos de su época, defendió la idea de equilibrio de la naturaleza y alentó a sus colegas a denunciar "el desequilibrio que el hombre ha producido en este continente". Odum presentó esta pedagogía científica en su conocida obra *Fundamentals of Ecology* (Fundamentos de la Ecología) en la que puede leerse lo siguiente: "Se ha escrito mucho acerca de este 'equilibrio de la naturaleza', pero sólo con la reciente adopción de métodos adecuados para medir las tasas de funcionamiento de sistemas completos han empezado a entenderse los mecanismos implícitos" (1959).

La aceptación por la ética ambiental y la ecología, de que los ecosistemas o comunidades naturales, si se les deja sólos, llegan a un "equilibrio" deseable, proporcionó apoyo académico al movimiento ambiental de los años setenta. El paradigma del "equilibrio de la naturaleza" dio credibilidad científica a las leyes ambientales, particularmente la ley aquella sobre las especies en peligro en los Estados Unidos, promulgada en 1973. Según el profesor de derecho Dan Tarlock, "los legisladores y los juristas aceptaron con entusiasmo este paradigma porque parecía un principio de política pública neutral y universal adaptable al uso y la gestión de todos los recursos naturales. Las contribuciones de la gestión moderna de los recursos ambientales al ordenamiento jurídico se basan en este paradigma" (1996).

¿ESTÁN ORGANIZADOS LOS ECOSISTEMAS?

A comienzos del decenio de 1970, cuando la primera oleada del movimiento ambiental adoptó con entusiasmo la idea del equilibrio de la naturaleza, los científicos y los éticos ambientales compartían la hipótesis de que las comunidades o los ecosistemas naturales poseen un orden u organización suficiente para justificar los intentos de protegerlos. No obstante, entre los años setenta y finales de la década de los noventa, muchos ecólogos empezaron a perder la fe en el principio del "equilibrio de la naturaleza" aplicado al desarrollo de los ecosistemas. De hecho, estos científicos no fueron capaces de encontrar una corroboración empírica, o basada en la observación, respecto a ningún principio general o regla de la estructura o función del ecosistema. Durante este período de incertidumbre, el biólogo conservacionista Michael Soule (1995) escribió lo siguiente:

> Es cierto que la idea de que las especies viven en comunidades integradas es un mito. Las llamadas comunidades bióticas, término que se presta a confusión, cambian constantemente de composición [...] La ciencia de la ecología cayó en su propia trampa al mantener, como hicieron muchos a mediados de este siglo, que las comunidades naturales tienden al equilibrio. El pensamiento ecológico actual sostiene que, a nivel de los conjuntos bióticos locales, la naturaleza nunca ha sido homeostática. Por consiguiente, cualquier intento serio de definir el estado original de una comunidad o ecosistema conduce a un laberinto lógico y científico.

Entre las abundantes razones que han inducido a los ecólogos a poner en duda la hipótesis de que "la estructura comunitaria es una realidad", hay cinco de particular importancia. La primera es la asombrosa falta de pruebas empíricas de que los ecosistemas posean un principio de organización: no hay ninguna observación que corrobore, no sólo los principios del equilibrio, sino cualquier otra norma que pueda describir o explicar en qué sentido las comunidades poseen una estructura o una función. Daniel Botkin (1990) observó: "siempre que tratamos de encontrar la permanencia, encontramos el cambio. Constatamos que cuando no se altera la naturaleza, ésta no mantiene una forma ni estructura o proporción constante, sino que cambia en cada escala del tiempo o del espacio". Donald Worster (1990) resumió la opinión ahora aceptada por muchos ecólogos: "La naturaleza debe verse como un paisaje de retazos grandes y pequeños, de todas las texturas y colores, una manta hecha de parches que son seres vivos y que cambia continuamente en el tiempo y en el espacio, en respuesta a un bombardeo incesante de perturbaciones. Las costuras de la manta nunca resisten mucho tiempo".

Gilbert y Owen, entre otros muchos biólogos de campo, han escrito que sus observaciones no permiten confirmar la "aparición ontológica de un nivel comunitario de organización biótica" (1990). Toda sugerencia de un patrón o estructura en los fenómenos ecológicos "es un epifenómeno biológico, una abstracción estadística, una convención descriptiva sin ninguna propiedad emergente auténtica, sino sólo con entidades colectivas, que reflejan en su totalidad las de sus especies, poblaciones e individuos constituyentes". El ecólogo forestal William Drury denunció también la "fuerte tendencia a aceptar la existencia de principios de autoorganización, como elementos inherentes de los sistemas naturales" (1998):

> Me parece que los ecosistemas son, en gran parte, improvisados y que la mayoría de las especies (lo que a menudo llamamos una comunidad) son superfluas para el funcionamiento de esas series de especies entre las que podemos identificar claramente importantes interacciones [...] Al ser analizadas, la mayoría de las interacciones son simples y directas. La complejidad parece ser una entelequia de nuestra imaginación, causada por la visión "holística" de las cosas.

Por otra parte, si las comunidades o sistemas ecológicos poseen una función o estructura, éstas deben tener una causa; sin embargo, hasta ahora, no ha sido encontrada. La idea de que la selección natural explica el diseño de los ecosistemas es un tema recurrente en la ecología teórica desde la época de Forbes. Es fácil ver por qué: ¿qué podría sustituir a la voluntad divina como causa de la estructura o función del ecosistema si no es el "poder benéfico de la selección natural"? Sin embargo, nadie ha sido capaz de explicar cómo la selección natural puede estructurar ecosistemas que, después de todo, no tienen genomas ni compiten por el éxito reproductivo: los ecosistemas no son unidades de selección. Drake y otros (1999) advierten que "simplemente se desconoce la relación existente entre la autoorganización, la selección natural, y los mecanismos y operadores de montaje de la ecología, a pesar de los crecientes esfuerzos teóricos".

En tercer lugar, la mayoría de los ecólogos coinciden en pensar que, si bien la investigación teórica y matemática ha cumplido ya casi un siglo, no se ha llegado a un consenso acerca de principios o normas generales que nos ayuden a observar cómo están organizados los ecosistemas. Diríase que cada teórico de la ecología tiene su propia opinión sobre la estructura y la función del ecosistema, pero nadie ha sido capaz de demostrar que su visión es mejor que la de otros. Mientras nadie se preocupe por la ausencia de pruebas empíricas, florecerán miles de paradigmas y a esto, en ecología, se le llama el "pluralismo". Todo aquel que tenga una metáfora y algún conocimiento de matemáticas puede modelar el ecosistema.

En cuarto lugar, los ecólogos todavía no se han puesto de acuerdo respecto a una definición que permita determinar qué clase de lugar constituye un ecosistema. En términos filosóficos, los ecólogos no han establecido las condiciones de identidad de los objetos que estudian. Según la teoría ecológica, ¿es un "lago" el embalse debajo de un dique?, ¿es un "bosque" la plantación de árboles de Navidad?, ¿es un "estuario" la bahía poblada en su mayor parte de especies no nativas? o, ¿es un "ecosistema" el cadáver putrefacto de una ballena sobre la playa? Conceptos tales como "comunidad" y "ecosistema" se aceptan sin examen como si significaran algo. Sin embargo, para que éstos tengan sentido deben definirse y, más tarde, las definiciones deben ponerse a prueba por el método lógico de sugerir efectos contrarios que satisfagan la definición pero que anulen su intención.

En quinto lugar, como el concepto *ecosistema* carece de una definición convenida, no hay modo de distinguir entre las propiedades esenciales o definitorias del sistema y las propiedades accidentales o contingentes. Así pues, no hay ningún fundamento lógico que nos permita decir si determinado sistema, resultado de una alteración determinada, conserva su "modo de organización" y sigue siendo, pues, el mismo sistema –si éste muestra "resiliencia"– o bien se convierte en un sistema distinto o en una mera agrupación. No disponemos de criterios para determinar qué clase de cambios destruyen el sistema y cuáles son compatibles con su preservación.

A pesar de esos problemas, un gran número de especialistas en ética ambiental –quizá la mayoría de ellos– y de ecólogos teóricos siguen creyendo que los ecosistemas son sistemas integrados e interconectados que se ajustan a principios de organización. Los filósofos y científicos no suelen estar dispuestos a admitir lo que sugiere la evidencia empírica, es decir, que lo que llamamos "comunidades" o "ecosistema" carece de organización, estructura o función y cada uno de estos conceptos corresponde a un ente idiosincrático, que no reconoce más ley que la propia: una confusión de colores y sonidos contingentes, un resultado temporal e incluso efímero de los accidentes de la historia, el río de Heráclito. La falta de pruebas empíricas que respalden la opinión de que los ecosistemas poseen un modo de organización estable no sirve de advertencia, sino de desafío para muchos ecólogos y filósofos que redoblan sus esfuerzos teóricos y matemáticos para demostrar que las comunidades y los ecosistemas existen como entidades estructuradas y ordenadas. Como dice Rolston, "Necesitamos la ecología para descubrir lo que significa una comunidad biótica como modo de organización" (*véase la pág.* 65).

LAS BASES ÉTICAS Y ESTÉTICAS DE LA ORGANIZACIÓN DE LOS ECOSISTEMAS

La investigación sobre la ética y la ciencia ambiental parte del supuesto de que los ecosistemas o las comunidades naturales están regidos por principios de organización. Aunque esta hipótesis todavía está por demostrarse, ofrece pruebas convincentes de juicios estéticos que acompañan a nuestras percepciones del mundo natural y, en particular, de sus magníficas y espectaculares producciones, como los antiguos bosques, los lagos de aguas transparentes, las praderas salvajes y los estuarios marinos. Pocos podemos ver estos lugares sin convencernos de que poseen una forma o unidad intrínseca, un "modo de organización". Sería erróneo pensar, no obstante, que la hipótesis científica que afirma que los ecosistemas están autoorganizados o estructurados como sistemas, justifica el juicio estético y la intuición moral de que éstos tienen una unidad que debe ser protegida y respetada; de hecho, puede deducirse lo contrario. Los científicos especializados en el ecosistema pueden adoptar como tema de investigación el intento de entender el modo de organización de los ecosistemas mediante modelos matemáticos porque las intuiciones morales y los juicios estéticos les han convencido, a ellos y a nosotros, de que ese diseño está allí, de alguna manera, esperando ser descubierto.

Un modo de comprender la legitimidad o unidad dinámica de un ecosistema puede ser a través del concepto de "idea estética", que el filósofo alemán del siglo XVIII, Immanuel Kant, presentó en su ensayo *Crítica del juicio* (1790, Sec. 49). Una idea estética en la percepción de un objeto es una unidad reconocida por la imaginación para la cual ningún concepto cognitivo es adecuado. Podríamos decir que una idea estética posee un orden que trata siempre de llegar a una explicación racional, cognitiva o causal, aunque no encuentre el principio empírico de organización. Según esta teoría, la unidad de los ecosistemas tal y como los vemos –o la belleza de los lugares del mundo natural– existe, pero no puede reducirse a conceptos racionales como los que trata de definir la ciencia empírica.

Es un hecho ampliamente reconocido que los ecosistemas no están organizados ni formados para alcanzar un fin y que, por consiguiente, su disposición no puede explicarse en términos teleológicos. Con todo, Kant hizo la célebre afirmación de que los objetos de la naturaleza que nos parecen hermosos poseen "una libre legitimidad [...] también denominada 'finalidad sin fin'". Como los fenómenos naturales representados en la imaginación parecen aptos para la comprensión conceptual o cognitiva, el resultado es un "estado mental en el cual la imaginación y el entendimiento juegan libremente". Este juego de la imaginación y el entendimiento "apunta" a un concepto pero no revela ninguno; ello obliga a los éticos y a los científicos a creer que las comunidades ecológicas poseen un modo de organización y, sin embargo, les niega cualquier medio de confirmar esta creencia mediante la observación objetiva o la experimentación.

Kant dio una explicación metafísica a la tensión entre: 1) nuestra creencia o sensación común de que los objetos naturales (incluidos, como diríamos hoy, los ecosistemas) representan un modo de organización que se presta a la comprensión, y 2) nuestra incapacidad de reducir esta organización a conceptos que puedan ponerse a prueba con la ciencia empírica. Kant creía que en los juicios estéticos nuestra facultad de sentir y nuestras intuiciones morales penetraban en las condiciones del determinismo causal regulador de todos los fenómenos hasta llegar al mundo numénico que hace posible la libertad. Esta intuición de la posibilidad de libertad, junto con la legitimidad, acompaña a todos los juicios estéticos. Para Kant y para muchos de sus seguidores, la belleza y la magnificencia de la naturaleza son una especie de revelación del orden oculto de las cosas que también hace posible la libertad humana, un orden que sólo podemos captar en el juicio estético porque desafía los principios de organización que pueden aplicarse mediante la comprensión científica.

Si suponemos que el modo de organización de las llamadas comunidades naturales es inicialmente estético, podremos entender que los filósofos y los científicos se sientan atraídos por la idea de que el ecosistema está organizado, aunque sus investigaciones no hayan descubierto principios empíricos que constaten este comportamiento. Los principios o leyes que explican la organización de los ecosistemas no se encuentran de este lado del fenómeno. Los teóricos de la ecología pueden multiplicar los modelos matemáticos de la estructura y la función del ecosistema, pero no descubrirán nada. Y, sin embargo, su sentido estético y moral les dice –a ellos y a nosotros– que las comunidades poseen una unidad que es valiosa y debe ser protegida.

LA BIODIVERSIDAD: UN CONCEPTO SISTEMÁTICAMENTE AMBIGUO

"Si se valora la vida", ha escrito Rolston en este libro, "hay que valorarla genéricamente, colectivamente, como lo define el término 'biodiversidad'. Cada organismo individual es por lo tanto un incremento de un bien colectivo o, por lo menos en principio" *(véase la pág. 60)*. Aunque esta proposición parece fundamental para la ética ambiental, es preciso comprenderla en el contexto de un cambio importante en el desarrollo de la historia natural. En el pasado remoto, el curso espontáneo de la naturaleza (tanto si lo atribuimos a la evolución como a la creación) determinó la abundancia y la distribución de las plantas y los animales. Más tarde, la actividad humana, voluntaria o no, ha influido y determinado el lugar en que se encuentran los organismos y las poblaciones.

La humanidad interviene en la identidad, abundancia y distribución de las plantas y los animales por muchas razones, dos de ellas de extrema importancia. La primera es que, en muchos lugares, la mayoría de las plantas y los animales no son nativos del lugar donde crecen, sino que son de procedencia lejana como consecuencia de la actividad humana. En efecto, la distribución y la abundancia de los animales puede depender, más que ninguna otra cosa, del modo en que los seres humanos se ajustan a los cambios del entorno. La segunda razón estriba en que un número cada vez mayor de variedades de plantas y animales han sido creadas por la ciencia y la tecnología humanas, desde los antiguos métodos de reproducción de plantas y animales hasta los modernos progresos de la biotecnología.

En el pasado, los ecólogos creían que un determinado entorno sólo contenía un limitado número de nichos, de manera que, cuando aparecía un recién llegado, era probable que expulsara a la criatura nativa. Hoy día es más probable que los ecólogos consideren el "nicho" como un epifenómeno, es decir, como una inferencia de la presencia de cierta especie en cierto lugar. El número de especies capaces de llegar a un sitio puede ser el factor determinante del número de especies que coexistan en este lugar y, en este sentido, del número de nichos existentes. No parece haber ningún límite al número de especies coexisten en cualquier lugar cualquiera que sea su extensión. El número de especies que se desarrollan de manera natural puede equivaler al número de especies que introducidas por los seres humanos, intencionalmente o de manera involuntaria. Por consiguiente, en cualquier lugar la biodiversidad puede ser el resultado, en gran parte, de la actividad humana.

La actividad humana aumenta, también, la riqueza o variedad de las especies en todo el mundo, mediante la invención de métodos de cría convencionales a lo largo de los siglos y, más recientemente con la biotecnología moderna, la creación de amplias reservas de organismos nuevos. La selección artificial ha fabricado, a partir de unas pocas plantas ancestrales, decenas de miles de tipos de arroz, muchos de los cuales se han convertido en especies salvajes. Varios tipos de maíz –de los cuales en México se utilizan actualmente unos 60– descienden del antiguo teosinte mexicano, al que apenas se parecen. Las plantas resultantes de los cultivos tradicionales, como el tomate y la canela, pueden considerarse artificiales porque se parecen muy poco a sus especies ancestrales. El mantenimiento de la diversidad genética quizá no requiera de la preservación de los tipos silvestres; por ejemplo, las industrias cárnica y láctea, que nadie cree que sufran dificultades, mantienen toda clase de germoplasmas, aunque el último antepasado salvaje del ganado vacuno se extinguió en el siglo XVIII. De modo análogo, la desaparición de la codorniz de las praderas de Atwater no ha afectado la viabilidad genética del comercio de aves de corral.

Gracias a los adelantos de la ingeniería genética, la contribución potencial de la industria a la biodiversidad –en particular por los laboratorios de empresas multinacionales dedicadas al ramo de las ciencias de la vida– es prácticamente ilimitada. El producto recientemente comercializado "Glofish" hace pensar que la industria puede diseñar una amplia y extraña variedad de criaturas, destinadas a los jardines y al comercio de animales de compañía, los cuales se introducirán inevitablemente, de manera intencional o involuntaria, en los ecosistemas naturales. Estas criaturas pueden aparearse con los organismos exóticos que ya se encuentran en esos ecosistemas, aumentando aún más la riqueza de especies del lugar. Al diseñar especies que más tarde formarán parte de la biodiversidad de determinados lagos y otros entornos insulares, los ingenieros genéticos podrían incrementar la variedad genética dentro de los ecosistemas y entre éstos. Con cualquier definición de "biodiversidad" que no excluya, a priori, a los organismos y ecosistemas fabricados u ordenados por el ser humano, el potencial de la biotecnología para aumentar la biodiversidad tan anhelada por los ambientalistas, parece infinito.

EL VALOR INTRÍNSECO DE LA NATURALEZA

En el trabajo que figura en este libro, Robin Attfield afirma que el florecimiento o el bienestar de las criaturas vivas, presentes y futuras, tiene un valor intrínseco. El valor intrínseco del florecimiento de la vida constituye una razón para tratar de conservar las especies, los hábitats y los ecosistemas, como cabe esperar de una ética ambiental (*véase la pág. 78*).

Esta apelación al valor intrínseco debe analizarse (como hace útilmente Attfield en otros trabajos) para determinar si se aplica por igual a todas las especies, hábitats y ecosistemas, o bien principalmente a las especies, hábitats y ecosistemas cuyas cualidades son resultado del curso espontáneo de la naturaleza, y no de un proyecto, intervención o actividad humana. Esta cuestión es especialmente importante porque los sistemas dominados por el ser humano no parecen tener una diversidad biológica menor que los sistemas más "puros". Es más, la investigación empírica comprueba constantemente que, en vista de que las especies se adaptan, invaden o encuentran otra clase de oportunidades para florecer en sectores que los seres humanos han abierto y habilitado, ocurre frecuentemente que los sistemas dominados por el ser humano posean una mayor riqueza de especies que los bosques o las sabanas a los que han reemplazado. ¿Poseen las especies, ecosistemas y hábitats que se encuentran, digamos, en los jardines de las casas de los suburbios, el mismo valor intrínseco –y, por consiguiente, exigen el mismo respeto y protección– que los de entornos más "naturales" o "puros"? ¿Poseen los cultivos y otras especies creadas genéticamente –aunque puedan aumentar considerablemente la variedad genética de las especies y los lugares– el mismo valor intrínseco que las especies aborígenes?

Podríamos responder que las especies, hábitats y ecosistemas que caracterizan la vida en las ciudades poseen el mismo valor intrínseco y las mismas razones morales y estéticas para reclamar protección que los que habitan en lugares en los que la influencia humana es mucho menos visible. Esta respuesta presenta tres ventajas. En primer lugar, reconoce la comprobación empírica de que, a menudo, los paisajes suburbanos son reservas de diversidad biológica atractivos no sólo para las especies del bosque original (como ciervos, mapaches, zarigüeyas, castores o ratas almizcleras), sino también para un mayor número de especies invasoras que florecen igualmente en estos lugares. En efecto, los amplios y variados ecosistemas de los suburbios pueden albergar cierta diversidad biológica que rivalice en riqueza con los bosques húmedos, cuya estructura, según algunas teorías, también es resultante en muchos casos de la actividad humana, aunque se trate de poblaciones indígenas que vivieron allí hace muchos siglos.

En segundo lugar, esta respuesta reconoce que la distinción entre los sistemas naturales y los sistemas dominados por el hombre, aunque lógicamente tenga sentido, ahora podría carecer de una justificación empírica. Podemos imaginar ejemplos de la diferencia entre sistemas más o menos "naturales". La Bahía de San Francisco, en la cual la presencia de la mayoría de las especies, en número o en biomasa, es resultado de la actividad humana, puede considerarse menos "natural" que una bahía de tamaño similar en una parte del mundo menos frecuentada por los humanos. No obstante, es probable que la introducción de especies y otros cambios antropogénicos haya alterado profundamente el estuario "puro". La selva húmeda del Amazonas, ejemplo del curso espontáneo de la naturaleza, se considera ahora un artefacto de la ingeniería humana, en este caso de anteriores civilizaciones (Mann, 2002). Ya en 1854, George Perkins Marsh observó que la humanidad había alterado completamente y desde hacía tiempo las disposiciones espontáneas del mundo orgánico e inorgánico.

En tercer lugar, la creencia de que no hay ninguna diferencia de valor intrínseco entre especies, hábitats y ecosistemas más o menos "naturales" corresponde con la constatación de que no hay ninguna diferencia biológica entre ellos. Supongamos, por ejemplo, que un grupo de ecólogos, con base en pruebas históricas y derivadas de la investigación, enumeran las especies establecidas en un ecosistema dividiéndolas entre nativas y exóticas (las que llegaron como consecuencia o con la asistencia de la actividad humana), incluyendo a las diseñadas e introducidas por ingenieros genéticos. Un segundo grupo de ecólogos que observen todas las características de comportamiento, morfología, etc., de estos organismos no podrían decir a qué categoría corresponde cada especie.

El mismo problema afecta a los ecosistemas. No hay ninguna indicación de que los ecosistemas posean una organización o diseño que les dé forma, estructura o función. No hay pruebas, ciertamente, de que los ecosistemas "naturales", puros o heredados posean propiedades de estructura, función o diseño diferentes de las de los menos "naturales". Para verificar esta teoría, podríamos identificar una propiedad que pueda ser medida, como la productividad o la riqueza de especies, y que se considere correlacionada con la "naturalidad" de un sistema. A continuación, un grupo de ecólogos podría clasificar una muestra aleatoria de ecosistemas con base en esta propiedad. Otro grupo de ecólogos clasificaría después la misma muestra según un criterio de "naturalidad" independiente. No hay razones para creer que existiría una correlación significativa entre esas clasificaciones, aunque no se ha efectuado el experimento.

Estas ventajas confirman la suposición de que las especies, hábitats y comunidades relacionadas con sectores dominados por los seres humanos tienen un valor intrínseco –requieren protección y respeto– de igual modo que los sistemas hereditarios, puros o más "naturales". No obstante, esta hipótesis presenta un inconveniente: nuestro sentido estético y moral puede rebelarse ante la idea de que organismos ajenos –particularmente si son resultantes de la ingeniería genética– merezcan el mismo grado de respeto y protección, y por los mismos motivos, que las especies endémicas o nativas. Probablemente nadie creería (y menos que nadie Attfield) que todos los ecosistemas, hábitats y especies tienen el mismo valor intrínseco. Sin embargo, este mismo nivel podría mantenerse para que la idea del valor intrínseco no pierda verosimilitud en una aplicación excesivamente amplia. Si tratamos de proteger todo por igual, no podremos proteger nada.

EL COMPROMISO NORMATIVO DE LA CIENCIA ECOLÓGICA

Como ha escrito Rolston, la ética ambiental tiene que ver con los deberes hacia el mundo natural y con sus valores intrínsecos. El término "natural" en la expresión "mundo natural" puede tener dos significados. Primero, puede referirse a todo aquello que no es sobrenatural, a todo lo que es compatible con las leyes de la lógica, las matemáticas, la física, la química y otras ciencias naturales. En este sentido el término "natural" es redundante, ya que todo lo que hay en el mundo –sea un bosque hereditario o un establecimiento industrial– es natural y cumple todos los principios de organización y unificación de la naturaleza.

En segundo lugar, el término "natural" puede contrastarse no con lo sobrenatural, sino con la intervención y la responsabilidad humana. El significante opuesto de "natural" es "artificial". La ética ambiental mantiene firmemente una distinción entre lo natural y lo artificial con fines de evaluación. Puede considerarse que las especies, los hábitats y los ecosistemas tienen valor intrínseco en la medida en que surjan y funcionen dentro de la trayectoria espontánea de la naturaleza, como las flores silvestres de la pradera. Las especies, los hábitats y los ecosistemas, son el resultado de entornos dominados por el ser humano y funcionan dentro de estos entornos, como los cereales *roundup-ready*. Además, éstos pueden tener un valor instrumental, pero no intrínseco.

Las ciencias ambientales y ecológicas tienden a coincidir con la ética ambiental en la distinción entre lo natural y lo artificial y, por lo tanto, entre las especies, hábitats y ecosistemas en tanto estén o no afectados por la influencia y la actividad del ser humano. Sin embargo, mientras que la ética ambiental distingue entre lo natural y lo artificial como base para la evaluación, las ciencias de la conservación, como la biología de la conservación, las ciencias del ecosistema y la ecología teórica, adoptan esta misma distinción como un compromiso metodológico fundamental. Según el ecólogo Robert V. O´Neill (2001), "El concepto de ecosistema suele postular la idea de que las actividades humanas son perturbaciones externas [...]; el *homo sapiens* es la única especie importante que se considera externa a su ecosistema, porque obtiene bienes y servicios en vez de participar en la dinámica del ecosistema". Otros ecólogos concuerdan con él: "Los ecólogos han tratado tradicionalmente de estudiar los ecosistemas puros para conocer el funcionamiento de la naturaleza sin la influencia perturbadora de la actividad humana" (Gallagher y Carpenter, 1997).

Al separar a la humanidad de la naturaleza, los ecólogos deben recurrir a estrategias conceptuales para "salvar" o preservar los fenómenos, es decir, explicar los enigmas y las paradojas. Consideremos, por ejemplo, la relación existente entre la biodiversidad y la integridad del ecosistema. Muchos ecólogos afirman que la biodiversidad sustenta la estructura, la función, la estabilidad, la productividad y otras propiedades valiosas del ecosistema. Según un estudio, por ejemplo, "cabe esperar que la diversidad contribuya a la estabilidad del ecosistema" (McCann, 2000).

Es paradójico que las especies introducidas aumenten, en gran medida, la riqueza de biodiversidad, prácticamente en cada lugar. Como su presencia es resultado de la actividad humana, estas especies ajenas sólo pueden perturbar la estructura y la función del ecosistema, como lo hacen a menudo, según los trabajos sobre la biología de la invasión. Sin embargo, al aumentar el número de organismos disponibles en el ecosistema, parecería que las especies exóticas mejorasen en su estructura y su función. Para resolver esta paradoja, muchos biólogos definen la biodiversidad en un sistema que excluye a las especies no nativas. Así por ejemplo, Sala y otros (2000) escriben que, "nuestra definición [de biodiversidad] excluye a los organismos exóticos introducidos". La integridad, la organización y otros conceptos respecto al ecosistema se definen, por lo general, de un modo que hace de la presencia de especies no nativas y otros efectos antropogénicos *per se,* indicadores de la decadencia del ecosistema. Así pues, las tesis básicas de la biología de la conservación se convierten en tautologías.

El principio esencial, tanto de la ciencia como de la ética ambiental, es que la naturaleza es la norma. Cualquier cosa que aparezca como consecuencia del curso espontáneo de la naturaleza refleja la integridad y la salud del sistema y tiene un valor intrínseco; cualquier resultado de la actividad humana es potencialmente nocivo para el sistema natural. "Nuestra capacidad de proteger los recursos biológicos depende de que seamos capaces de identificar y predecir los efectos de las acciones humanas en los sistemas biológicos y, especialmente, de distinguir entre la variabilidad natural en la condición biológica, y la inducida por el hombre" (Karr y Chu, 1998). El hecho de que el curso espontáneo de la naturaleza confiera a las especies, hábitats y ecosistemas una organización ecológica y un valor intrínseco sigue siendo la hipótesis de la ética ambiental y de las ciencias de la conservación.

POLÍTICAS RECOMENDADAS

La confluencia conceptual y normativa de la ética ambiental y la ciencia refuerzan y confirman las posiciones de los ambientalistas en lo relativo a las políticas. En el modo de organización de las comunidades ecológicas, los filósofos ven un sujeto de valor intrínseco y los científicos un objeto de estudio matemático. No obstante, sería preocupante que, si la ética ambiental dependiera demasiado de las creencias de la ciencia ambiental, ésta pudiera quedar en entredicho cuando cambien estas convicciones. Como escribe Teresa Kwiatkowska en referencia a conceptos tan vagos como la integridad y la salud del ecosistema, en su interesante contribución al presente libro, "Hay una línea muy tenue entre la descripción científica y un cuento de 'hadas' ambiental" (*véase la pág. 197*). Si la idea de que los ecosistemas poseen un "modo de organización" es un cuento de hadas, ¿puede sobrevivir la ética ambiental a su dependencia de la ciencia ambiental?

En cierto sentido, puede tratarse de una cuestión académica. Quizá no importe que la atribución de un modo de organización a las comunidades ecológicas sea un "cuento de hadas". La tradición de la ciencia ambiental que se remonta al *Timeo* de Platón y adquirió madurez con la cosmología de la Gran Cadena del Ser no va a desaparecer. El enfoque filosófico que separa a la humanidad de la naturaleza y considera que la actividad económica humana es una amenaza para la organización integral del mundo natural ha rebatido cualquier opinión contraria, desde el materialismo mecanísta de Lucrecio y Hobbes a la animosidad de muchos darwinianos. Las ciencias de la conservación sustituyeron sin pestañear las concepciones del equilibrio de la naturaleza, los sistemas en equilibrio, etc., por sistemas que no están en equilibrio, dinámica discontinua, caos y estocasticidad. Mientras tanto, debemos dejar que los matemáticos hagan su trabajo. Como proposición empírica, la creencia de que el mundo vivo tiene un "modo de organización" puede ser un "cuento de hadas"; sin embargo, no cambiará como base de consenso científico.

Las organizaciones internacionales encargadas de la elaboración de políticas ambientales carecen de suficientes pruebas que confirmen que las comunidades naturales o los ecosistemas poseen un modo de organización que podría ser útil para concebir una política de protección ambiental. Otro obstáculo es la falta de una definición útil de "comunidad" o "ecosistema" que permita identificar estos conceptos más allá del tiempo y los cambios. (Los filósofos dirían que los ecólogos todavía no han determinado las condiciones de identidad de las comunidades o los ecosistemas, o que ni siquiera les preocupan). Estos problemas limitan el asesoramiento que pueden facilitar los especialistas en ética ambiental y los científicos a los organismos internacionales responsables del medio ambiente. Por consiguiente, esas organizaciones, aunque hablen y practiquen la retórica del valor intrínseco, de los servicios del ecosistema y de las comunidades sostenibles, quizá carezcan de una base que les permita entender, y mucho menos aplicar, esos conceptos. Como consecuencia de ello podría ocurrir que esos organismos regresen a la promoción de objetivos económicos clásicos, como la protección de las reservas de la industria piscícola o el control de aspectos ambientales externos nocivos como la contaminación. Aunque dichas organizaciones traten de proteger a los ecosistemas o a las comunidades, quizá no dispongan de definiciones operacionales que les permitan aplicar esos conceptos o saber lo que significan.

La ética ambiental y las principales ramas de la ciencia ambiental se asientan firmemente en la idea estética de que el mundo vivo, a medida que se despliega, muestra una finalidad sin fin, una significación sin definición concreta y una unidad o modo de organización que no se reduce a conceptos. En consecuencia, el mundo vivo merece nuestro respeto más profundo pero también excita nuestra máxima curiosidad. Este compromiso estético y moral con el florecimiento de la naturaleza puede proporcionar un apoyo fundamental a la labor de los organismos internacionales encargados de proteger el medio ambiente natural.

No obstante, tanto los filósofos como los científicos tienden a suponer que las comunidades y los sistemas ecológicos poseen o presentan un elemento o un "modo" de organización que los expertos pueden describir y los responsables de las políticas proteger. A falta de una prueba empírica de la existencia de este elemento o modo de organización en términos que puedan ser descritos por la ciencia, es difícil ver cómo los responsables de las políticas podrían aplicar conceptos como "comunidad" y "ecosistema" si no es en un sentido extremadamente metafórico y retórico. En consecuencia, tanto los ecólogos como los filósofos deben desarrollar otros conceptos adicionales a "comunidad y "ecosistema" a fin de que sus investigaciones sean más pertinentes para la labor de los organismos internacionales que se ocupan del medio ambiente. El reto para la ciencia y la ética de la conservación es establecer una terminología útil –no sólo una retórica de exhortación y aspiración– para la política ambiental.

BIBLIOGRAFÍA

Bateson, F. W. y Joukovsky, N. (eds). 1971. *Alexander Pope: A Critical Anthology*. Harmondsworth, Reino Unido, Penguin.

Botkin, D. B. 1990. *Discordant Harmonies: A New Ecology for the Twenty-First Century*. Nueva York, Oxford University Press.

Drake, J. A.; Zimmerman, C. R.; Purucker, T.; Rojo, C. 1999. On the nature of the assembly trajectory, en E. Weiher y P. Keddy (eds), *Ecological Assembly Rules: Perspectives, Advances, Retreats*. Cambridge, Reino Unido, Cambridge University Press, pp. 233-250.

Drury, W. H. 1998. *Chance and Change: Ecology for Conservationists*. Berkeley, Calif., University of California Press.

Forbes, S. I. 1925. "The lake as a microcosm", en *Bulletin of the Illinois State Natural History Survey*, vol. 15, pp. 537-550. (Publicado inicialmente en *Bull. Of the Scientific Association* [Peoria, III.], 1887, pp. 77-87).

Gallagher, R. y Carpenter, B. 1997. "Human-dominated ecosystems", en *Science*, vol. 277, pp. 485-486.

Gilbert, F. S. y Owen, J. 1990. "Size, shape, competition, and community structure in hoverflies", en *Journal of Animal Ecology*, vol. 59, pp. 21-39.

Karr, J. R. y Chu, E. W. 1998. *Restoring Life in Running Waters: Better Biological Monitoring*. Washington, D.C., Island Press.

Kay, J. J. y Schneider, E. 1995. "Embracing complexity: the challenge of the ecosystem approach". L. Westra y J. Lemons (eds), *Perspectives on Ecological Integrity*. Dordrecht, Países Bajos, Kluwer, pp. 49-59.

Lovejoy, A. O. 1971. *The Great Chain of Being*. Cambridge, Mass., Harvard University Press.

Mann, C. 2002. 1491. *The Atlantic Monthly*. Marzo, pp. 41-53. www.theatlantic.com/issues/2002/03/mann.htm (consultado el 20 de febrero de 2006).

McCann, K. 2000. "The diversity-stability debate", en *Nature*, vol. 405, pp. 228-233.

Odum, E. P. y Odum, H. T. 1959. *Fundamentals of Ecology*, 2ª ed. Filadelfia, Pa., W. B. Saunders.

O´Neill, R. V. 2001. "Is it time to bury the ecosystem concept? (With full military honors, of course!)", en *Ecology*, vol. 82, nº 12, pp. 3275-3284.

Rosenzweig, M. L. 2001. "The four questions: what does the introduction of exotic species do to diversity?", en *Evolutionary Ecology Research*, vol. 3, pp. 361-367.

Sala, O. E.; Chapin, F.S. 3rd; Armesto, J. J.; Berlow, E.; Bloomfield, J.; Dirzo, R.; Huber-Sanwald, E.; Huenneke, M.; Mooney, H. A.; Oesterheld, M.; Poff, N. L.; Sykes, M. T.; Walker, B. H.; Walker, M.; Wall, D H. 2000. "Global biodiversity scenarios for the Year 2100", en *Science*. vol. 287, pp. 1770-1774.

Sears, P. 1959. *Deserts on the March*, 3ª ed. Norman, Okla., University of Oklahoma Press.

Soule, M. 1995. "The social siege of nature", en M. Soule y G. Lease (eds), *Reinventing Nature: Responses to Post-Modern Deconstruction*. Washington, D.C., Island Press, pp. 137-170.

Tarlock, A. D. 1996. "Environmental law: ethics or science?", en *Duke Environmental Law and Policy Forum*, vol. 7, pp. 193-223.

Wagner, W. H. 1993. "Problems with biotic invasives: a biologists viewpoint", en B. N. McKnight (ed.), *Biological Pollution: The Control and Impact of Invasive Exotic Species*. Indiana Academy of Science, pp. 1-8.

Worster, D. 1990. "The ecology of order and chaos", en *Environmental History Reviews*, vol. 14, nºˢ 1 y 2, pp. 1-13.

¡QUE PERDURE LA TIERRA! PONER EN PRÁCTICA LA ÉTICA AMBIENTAL

Teresa Kwiatkowska

¿Acaso se vive con raíz en la Tierra?
No para siempre en la Tierra: sólo un poco aquí.
Cantares Mexicanos, fol. 17r. (León Portilla, 1994, pág. 80).

INTRODUCCIÓN

Desde el inicio de las civilizaciones y dondequiera que han aparecido, los seres humanos hemos alterado el ambiente físico y biológico. La resultante degradación de los suelos, la modificación del paisaje y la explotación de los bosques por varios milenios han sido extensas y profundas. Si bien muchos de los problemas ambientales de importancia significativa se gestaron en las sociedades preindustriales, la situación se ha agravado a un ritmo sin precedentes. Durante los dos últimos siglos, la vertiginosa expansión de la industrialización, de la tecnología y de la demografía se ha convertido en una amenaza para la biodiversidad del planeta y de la biosfera. La posibilidad de los cambios climáticos, la contaminación de los mares, la desertificación, la destrucción de la biodiversidad y la erosión del suelo han sido ampliamente reconocidos, así como la apremiante exigencia de enfrentarlos por medio de la conservación, el control demográfico, la reducción de la contaminación y el sabio uso de los recursos naturales.

No cabe duda de que la diversidad biológica y la información genética, desarrolladas a lo largo de mil millones de años de evolución, tienen una enorme importancia social, económica, científica y estética.

De manera similar, durante la trayectoria histórica de las civilizaciones, los seres humanos han desarrollado un conocimiento portentoso acerca de las interacciones con su ambiente social y natural. Es innegable que la preservación de la diversidad biológica y cultural requiere un esfuerzo integral y bien planificado. A pesar de la gravedad de cada problema particular, hay que recordar que la cuestión ambiental no se reduce a la pérdida de especies de flora y fauna de tales o cuales características, de tal o cual región del mundo, ni a la posibilidad de cambio climático o la degradación de los ecosistemas. El problema ambiental contemporáneo es una faceta de los múltiples retos sociales, políticos, económicos y naturales que enfrentan las sociedades. Una solución efectiva del progresivo deterioro ambiental requiere una perspectiva global que nos sitúe en un contexto de retos actuales para la humanidad. El conflicto no puede resolverse por partes. El amplio abanico de problemas demográficos, tecnológicos, económicos, sociales, políticos, militares, institucionales, informativos e ideológicos enmarca la degradación del mundo natural. El problema se agudiza porque los procesos bióticos, químicos y físicos que hacen del mundo un lugar adecuado para la vida son poco conocidos e ignorados por el gran público. Este tipo de eventos no pueden analizarse del todo o ubicarse dentro de las pautas familiares de comportamiento. El proceso de toma de decisiones deja de ser una operación automática y segura, se vuelve nebuloso, lo cual no reduce la urgencia de la decisión pero permite resaltar su dificultad. Tenemos que encontrar el valor de abandonar las categorías obsoletas de nuestra cultura, que son como viejas llaves que ya no sirven para abrir las nuevas cerraduras. El poder de la ciencia, por sí sólo, si bien es una condición necesaria, rara vez es suficiente para enfrentar nuevas situaciones. Necesitamos ir más allá de los criterios científicos para llevar a cabo una reflexión sobre la lógica interna de nuestro comportamiento con el mundo natural, con el fin de forjar actitudes que favorezcan la unidad en la diversidad y la convivencia con los seres vivos que comparten la biosfera con la humanidad.

CONTEMPLANDO LA ESCENA

La preocupación por la conservación de la diversidad biológica es inseparable de la inquietud acerca del futuro de la biosfera, y el interés por la biosfera está íntimamente ligado a casi todos los aspectos de la vida humana. Nuestras actividades se inscriben dentro del ambiente natural el cual, a su vez, nos afecta de maneras que difieren enormemente a través del tiempo y el espacio. Nuestra percepción se limita a los actos particulares de aquí y de ahora y esta visión fragmentada de la realidad, esta "desconexión fatal de los temos", como decía Alfred North Whitehead (1929), nos conduce a ver las acciones humanas como aisladas de las realidades físicas y biológicas. Esta fragmentación contiene las semillas del peligro; levanta muros entre la degradación del ambiente y la ineficiente y excesiva explotación de los recursos naturales; y aleja los problemas ambientales de pobreza, injusticia, desigualdad económica e inseguridad global.

El ser humano no puede vivir sin domesticar o humanizar en gran medida su entorno. Moldeamos el ambiente a través de decisiones individuales y colectivas que se toman en función de una multitud de criterios de valor. Algunos de éstos son precisamente de orden económico, otros tienden a proteger el mundo natural que habitamos. La manera de seleccionar los criterios de nuestras decisiones depende, en parte, de las teorías y creencias que profesamos para esta elección. Cuando tomamos decisiones que integran nuestro interés por la conservación del ambiente, nuestros conceptos, puntos de vista, ideas y valores filtran nuestra experiencia y, por lo tanto, tienen un efecto significativo en lo que es nuestra manera de percibir el mundo.

El concepto de "desarrollo sostenible" surgió como una tentativa de conciliar los retos sociales, políticos, económicos, ambientales y, también, de encontrar las efectivas soluciones globales. De hecho, este concepto fundamental es el objetivo más importante del progreso humano. Desde la publicación de los trabajos de la Comisión Mundial sobre Medio ambiente y Desarrollo conocidos como Informe Brundtland (CMMAD, 1987), seguida por la Agenda 21 (Cumbre de la Tierra en Río de Janeiro, Brasil en 1992), y la Cumbre Mundial en Johannesburgo en 2002, todas las naciones están luchando para llevar a cabo los principios y valores del desarrollo sostenible. Se trata de integrar los problemas tradicionales de la degradación del ambiente, la contaminación, la biodiversidad, los desechos tóxicos con la erradicación de pobreza, el aumento de seguridad, la implementación de justicia y el desarrollo económico para las generaciones presentes y futuras. Todos los que participan en este discurso global llegaron al acuerdo de que la sociedad sostenible evaluará el bienestar en el contexto humano (aire y agua limpios, apropiados sistemas de salud, ausencia de la violencia injustificada, salarios justos, educación, etc.).

Asimismo, todos convienen en que este bienestar depende, en un alto grado, del estado del ambiente natural.

Aunque la idea fascinante y exaltante de "desarrollo sostenible" precisa una relación entre el uso de los recursos naturales y la conservación del ambiente, la administración integral y racional de los recursos no puede sustituir la preocupación por la biodiversidad y la naturaleza silvestre. Las áreas naturales con su flora y fauna no necesitan desarrollo, sino ser conservadas. A su vez, la preservación de las riquezas biológicas, pantanos, ríos, pájaros, bosques, valles, bestias salvajes y océanos con toda la vida que contienen, requiere una ética basada en el respeto y apreciación de los organismos vivos. La ética del desarrollo tiene que dar lugar a una ética de la consideración.

Las actitudes que constituyen el *ethos* prevaleciente en cualquier sociedad reflejan y fortalecen sus procesos sociales, económicos, políticos y militares predominantes, y las maneras en que éstos actúan sobre la naturaleza. La visión del mundo natural influye en las decisiones de los individuos, y éstas afectan al medio ambiente. Existen muchas maneras, todas importantes, de relacionarnos con el ámbito que nos rodea. Unos encuentran en la naturaleza el origen de deleites estéticos y refugio espiritual. La puesta de sol, las olas del mar, el esplendor de las montañas, el viento que mueve las hojas de los árboles, todas estas experiencias causan emociones placenteras. Para otros, el bosque, el pastizal, el campo, los valles son simplemente lugares de trabajo sin nada sagrado ni benigno. Todavía otros perciben los paisajes o fenómenos naturales como una fuerza poderosa y peligrosa. El ambiente natural puede ser pensado, percibido y, consecuentemente, cuidado de varias maneras.

Si bien la preocupación por los efectos nocivos de la actividad humana en el mundo natural no se limita a la época moderna, ha sido en las últimas décadas cuando se ha reconocido ampliamente la gravedad de los problemas ambientales, iniciándose así la búsqueda de soluciones posibles. La visión del mundo que aliente una relación más armoniosa entre la sociedad y su medio ambiente puede no estar directamente relacionada con decisiones políticas. Sin embargo, las diferentes percepciones de una maravillosa diversidad de plantas, animales y microorganismos presentes en el "mundo exterior" pueden captar la imaginación de la gente, despertar su sensibilidad y su responsabilidad moral. Es importante señalar que si los valores ambientales llegaran a ser compartidos, esto podría significar una voluntad de acuerdo para negociar diferencias y conciliar nuestras necesidades y preferencias con la conservación de las riquezas biológicas que corremos el riesgo de perder.

LA ÉTICA PARA EL AMBIENTE Y LA CIENCIA DEL AMBIENTE

Nuestra relación con el mundo natural depende del conocimiento que poseemos y los valores que compartimos. La ecología (del griego antiguo *oikos*, que significa casa, vivienda, hogar) estudia nuestro *hogar* natural, incluyendo los otros organismos vivientes que lo habitan y sus relaciones. El conocimiento de los fenómenos de la naturaleza puede hacernos comprender nuestra dependencia de los sistemas biológicos. Igualmente, inspira la reflexión sobre nuestras actitudes hacia la naturaleza, cuya imagen se alteró a medida que el ser humano ahondaba en el mundo de la cultura. Hoy en día, esta comprensión se vuelve imprescindible, debido a que tantas personas viven en las ciudades, muy lejos de su entorno natural.

Investigamos el mundo natural para comprender la manera en que un organismo se constituye dentro de su ambiente. Como una ciencia de la vida, la ecología estudia modelos, estructuras y procesos dentro de la complejidad de la naturaleza. Sin embargo, las respuestas que esta ciencia proporciona sobre las pautas, principios y propiedades del mundo natural de ninguna manera son normativas. Únicamente una parte de nuestro conocimiento y una más amplia visión del mundo constituyen nuestros mitos morales y, por tanto, serán factores primordiales en nuestras decisiones. La ciencia desenmascara los mitos y modifica interpretaciones obsoletas revelando datos nuevos o facilitando una nueva lectura de los que ya son conocidos; agranda nuestras experiencias e indica el camino y métodos más eficientes para comprender; y, posteriormente, tratar de resolver la variedad de problemas ambientales que surgen de la relación del ser humano con la naturaleza. La ciencia de la ecología explora el medio, buscando siempre una mejor interpretación –si bien parcial– mediante la elaboración de modelos y metáforas. La ecología puede transformar nuestras percepciones y cuestionar las metáforas del pasado, incitándonos a escrutar nuevos marcos interpretativos que favorezcan la búsqueda de respuestas suficientemente sensibles, a fin de atenuar nuestros encuentros con la naturaleza (Rozzi, 1999).

Pero no hay camino directo entre la ecología y la ética, la cultura y otras preocupaciones humanísticas como los derechos humanos, la explosión demográfica y la pobreza. Las ciencias ambientales no ofrecen una base sólida que pueda sostener la ética; éstas son muy complejas e incompletas y no nos proporcionan un conjunto fiable de normas éticas específicas. La ecología no ofrece ninguna solución unificadora ni predicciones claras sobre las cuales pueden tomarse decisiones o basarse nuestras acciones. La ecología refleja no sólo la complejidad y la diversidad de los objetos estudiados, sino también la insuficiencia de la ciencia para afrontar las cuestiones de evaluación más profundas, la clásica brecha entre el descriptivo *es* y el normativo *debe ser*.

Sólo la ciencia puede desenredar, aunque parcialmente, las intrincadas interacciones que se dan en el complejo sistema del ambiente global. La ética no goza de ninguna autoridad en este ámbito. Pero la ciencia sola no puede explicar la lógica interna de nuestra relación con el mundo natural. Si bien puede promover actitudes más sensibles hacia la naturaleza, necesitamos una teoría ética que dé razón de nuestras responsabilidades morales con la naturaleza. Así como no podemos reducir una obra de arte a las características químicas de la pintura, no podemos definir el funcionamiento del mundo natural exclusivamente en términos de sus propiedades físicas, químicas y biológicas. De modo que todas estas características requieren también de una explicación en términos de valores éticos y estéticos. Enseñar la responsabilidad ética para con el mundo natural –la responsabilidad de conservar y restaurar la calidad del ambiente– puede favorecer la experiencia totalmente nueva de una interacción más respetuosa con la naturaleza.

Si aceptamos la idea aristotélica de que el fin de la ética es *actuar inteligentemente*, deberemos usar los conocimientos que proporcionan las ciencias de la vida y los valores que promueve la ética ambiental para decidir cómo hemos de actuar. Nuestro conocimiento de la naturaleza puede alterar el funcionamiento natural del mundo en beneficio de los seres humanos, pero también puede ejercer una función significativa en nuestras vidas espirituales. Comprender la naturaleza encarnada en los bosques, los pastos, las granjas, las flores, los ríos o los animales puede moldear nuestros valores y nuestra fibra moral de manera apropiada para hacerla buena. La sensación de asombro y fascinación que despiertan las inagotables maravillas de la naturaleza puede configurar el carácter humano de un modo único e importante.

Como escribió René Dubos (1972): "La conservación se desprende de los valores humanos; su sentido más profundo está en la existencia y en el corazón humano. Salvar pantanos o bosques de secuoyas no exige una justificación biológica, como tampoco lo requiere oponerse a la crueldad y el vandalismo".

AMPLIANDO HORIZONTES

> *...si los argumentos por sí mismos fueran suficientes para hacer bueno al hombre, habrían (...) ganado grandes recompensas (...); pero dada la situación, (...) no son suficientes para fomentar la nobleza y la bondad en la mayoría.*
>
> Aristóteles – *Ética a Nicómaco*, libro X, 9, 1179b, 10

La ética ambiental aspira a influir y modificar los términos en los que las sociedades humanas se relacionan con el ambiente natural. Ésta comprende varias posiciones éticas, a menudo contrapuestas. Lo que reúne a sus diversas doctrinas es el compromiso por conservar la riqueza biológica del planeta. La ética ambiental define valores que compiten con nuestras preferencias actuales, puesto que casi toda nuestra tradición ética se restringe al mundo de la cultura humana, donde todo lo demás, como la flora y la fauna y en general la Tierra, no cumple más que una función meramente instrumental. La filosofía moral tradicional –utilitarismo o teoría de los derechos– no promueve ninguna obligación moral directa en relación con los ecosistemas, las plantas o los animales. Las diversas posiciones de la ética ambiental, además de reflexionar sobre los orígenes y fundamentos de las actitudes humanas hacia el mundo natural, aspiran a inducir un cambio en las relaciones que mantenemos, de forma individual o colectiva, con los ecosistemas y demás entidades biológicas.

La ética ambiental trata primordialmente de las causas subyacentes, las formas y las manifestaciones inquietantes de los problemas ambientales y sociales, desde la extinción de las especies, la fragmentación y la degradación de los ecosistemas, la erosión de los suelos y la contaminación del agua y el aire, la explosión demográfica, la tecnología autónoma, hasta la justicia y la desigualdad económica. No cabe duda de que la ampliación del círculo de la consideración moral tradicional a los seres vivos no humanos y a las entidades naturales, como los ecosistemas, no es un asunto trivial. Los exploradores de este distinto y novedoso territorio moral necesitan una guía y un plano, ya que la reflexión ética sobre la relación humana con su ambiente biológico y físico es una preocupación relativamente reciente. Las tendencias filosóficas que han llevado a reflexionar sobre diversos aspectos de la naturaleza y sobre los valores humanos a partir de los cuales se puede proporcionar una base conceptual a la ética emergente elogian los méritos (o denuncian los deméritos) de las percepciones antropocéntricas, biocéntricas o ecocéntricas de la naturaleza.

La ética contemporánea contiene dos niveles distintos, pero relacionados: el normativo y el teórico. El primero consiste en las cuestiones prácticas acerca de qué es lo correcto en las circunstancias dadas; éste toma en cuenta, principalmente, las buenas consecuencias de un acto. Las cuestiones teóricas giran en torno a la naturaleza del valor y a identificar un imperativo o principio moral de un carácter universal. La ética ambiental revela varias perspectivas teóricas y conceptuales en su esfuerzo por construir el edificio teórico, lo que es particularmente arduo porque expande la consideración moral más allá del mundo humano. De ahí la necesidad de innovación a los niveles normativo y teórico.

Una teoría ética sostiene que el bien físico, intelectual y espiritual de los seres humanos es la base fundamental de nuestras obligaciones morales en relación con el mundo natural de las plantas, los animales y los ecosistemas, e incluso con los objetos inanimados. El mundo natural puede ser valorado porque brinda una imagen de la belleza o de la bondad de Dios, y de la sabiduría de los procesos evolutivos. Aquí, sólo los seres racionales tienen *status* moral. Esta visión antropocéntrica sostiene que las personas deberían de comportarse de cierta manera hacia otros seres no humanos, pero esta conducta no expresa responsabilidad directa alguna para con los seres del mundo natural. Tenemos obligaciones hacia la naturaleza y sus criaturas porque nos son directamente útiles, tanto estética como económicamente. Una perspectiva centrada en lo humano valora la naturaleza porque ofrece recursos útiles, una reserva de diversidad genética, un lugar para recreación y una fuente de placer sensorial.

En cambio, la teoría del valor no antropocéntrica, que define el *bien* independientemente de cualquier cualidad humana, explica esta obligación moral por el valor que poseen las cosas naturales en sí mismas. Si, como afirman estos eticistas, la naturaleza no tiene ningún valor *en sí*, y el medio ambiente sólo es apreciado como reserva de recursos para satisfacer nuestras necesidades, nuestra relación con la naturaleza será siempre abusiva y degradante. Las perspectivas éticas, ecocéntrica y biocéntrica, nos instan a considerar toda forma de vida como algo intrínsecamente importante, fuera y al margen de la perspectiva humana. Esta posición abandona el mundo familiar de la tradición cultural y religiosa occidental predominante que sólo atribuye valor moral a los humanos. Por tanto, continúan los debates sobre si los organismos o sistemas vivientes no humanos pueden ser portadores de un valor intrínseco.

Aunque en muchos sentidos es un debate reciente, esta cuestión es una de las preguntas filosóficas más antiguas. Una profunda simpatía por la fuerza creativa y por la vida encuentra expresión poética en los versos homéricos. Igualmente, en el siglo IV a. de C., Aristóteles sostiene que todo ser vivo es bueno en sí mismo *realizando siempre lo mejor entre lo posible* para su propio desarrollo. La variedad de las formas de la vida está dotada de un valor independiente de cualquier otro valor que los seres humanos puedan encontrar en las cosas naturales. Afirma Aristóteles en *Sobre las partes de los animales* que "en todas las cosas de la naturaleza hay siempre algo maravilloso, tanto en los reinos vegetal, animal e inorgánico como en la cúspide de los seres humanos, pues todos y cada uno nos revelará a nosotros algo natural y algo hermoso"(1941). Varios pensadores clásicos, y posteriormente intelectuales cristianos, como San Agustín y Hildegard de Bingen, concedían un valor *en sí* a todas las cosas vivientes en virtud de su alma (Goldin y Kilroe, 1997).

Básicamente, las teorías de la ética ambiental, centradas en la naturaleza, defienden el bien *en sí* de especies y ecosistemas, fundamentando su reflexión en el valor intrínseco de la vida y en la apreciación del curso evolutivo de la naturaleza. Los humanos podemos y debemos usar los recursos naturales para satisfacer nuestras necesidades, desde luego; en este aspecto no diferimos de otras criaturas vivas. Pero los seres humanos, en su condición de agentes morales, han de justificar cualquier alteración de los procesos naturales; deberíamos vivir de modo tal que conservásemos la excelencia y la riqueza de todo el reino biótico.

Aquí, muchas ideas se han quedado cortas en el proyecto de motivar las acciones de conservación de la naturaleza. Es evidente que necesitamos un análisis más profundo para saber la respuesta de cómo se manifiestan estos valores en la naturaleza. ¿Qué tienen estos seres que les confiere tanto valor? Quizá algunas cosas tengan un bien propio sin que sean buenas. Tal vez la cultura humana debería ocupar el lugar de la naturaleza. Muy a menudo, el argumento sustancial de conceder el valor intrínseco a los entes vivos gira en torno a la "naturalidad" de los organismos, especies o ecosistemas. Consiguientemente, en tanto que ética aplicada, tales preguntas conducen a una reflexión metafísica acerca de lo que significa natural. Incluso si aceptamos que los animales, plantas, organismos y ecosistemas poseen un valor moral *en sí*, persisten notables dificultades. ¿Debemos centrar nuestra atención en los ecosistemas más afectados o en las especies en peligro de extinción? ¿Cómo asignar los escasos recursos para obtener el mayor bien? Más aún, ¿cuál es el *status* ontológico de especies y de ecosistemas? ¿Son las especies entidades reales que existen en el mundo exterior, como las montañas o los ríos? ¿O son las especies una forma más en que los seres humanos conciben la naturaleza con la finalidad de hacer investigación científica y políticas ambientales, de manera análoga a los paralelos y los meridianos?

Sin importar lo atractivas que resulten las posiciones ecocéntricas o biocéntricas a sus defensores, indudablemente generan dificultades prácticas. La ética ambiental espera influir en la política ambiental, ser visible en la vida pública y evaluar nuestras actitudes públicas e instituciones a través de ella. Una ética así, pública y aplicada, no puede estar basada solamente en la pericia racional y experta del analista filosófico. Cualquier ética ambiental digna de ese nombre tiene una obligación no sólo con los animales, plantas, especies y ecosistemas, sino también con los humanos en sus mundos comerciales y políticos para proveer información indispensable a la toma de decisiones éticas.

Una tercera posición no estriba tanto en saber quién cuenta moralmente, sino en qué trascendencia tienen las cosas. Tal vez todos los elementos vivientes tienen un valor intrínseco de algún tipo o grado, y no deben ser tratados en función de los caprichos humanos. Pero debemos juzgar su alcance y significado. ¿Es el valor intrínseco de estos animales y plantas igual al de las personas? Si los organismos no humanos y las personas difieren en valor intrínseco, entonces sería un desacuerdo razonable sobre la magnitud del valor intrínseco de los "otros" y, por tanto, acerca de si un comportamiento nuestro es apropiado al valor que poseen. De ahí que algunas opciones, como la de volverse vegetariano o de decidir lo que valoramos en la naturaleza, puedan ser una decisión moral personal que tiene que ver más con quiénes somos que con lo que debemos a los organismos, especies o ecosistemas.

MORAL PRIVADA Y POLÍTICAS PÚBLICAS

> *Podemos ser éticos sólo en relación con algo que podemos ver, sentir, entender, amar, o en lo que podemos tener fe.*
>
> Leopold (1966, pág. 251)

¿Expliquemos primero en qué consiste la moral? ¿Cómo podemos condenar moralmente ciertos actos que lesionan a las plantas, los animales o los ecosistemas si no tenemos una idea clara de lo que es la moral? Aquí, debemos observar que las normas morales van más allá del ámbito de las normas jurídicas. Incontables acciones humanas pueden ser rechazadas o aceptadas, pero no pueden formar parte de un sistema legal. Una norma moral –según la de la célebre fórmula de Aldo Leopold: "Una cosa es correcta cuando tiende a conservar la integridad, la estabilidad y la belleza de la comunidad biótica; y es incorrecta cuando tiende a lo contrario" (1966, pág. 262)– no es más que una recomendación de actuar de un cierto modo que, según la experiencia (y aquí viene bien la ciencia), favorezca más que otros el bienestar personal, social y natural. Y por "bienestar" sólo puede entenderse algo empírico, como el propio desarrollo, la felicidad, una vida más placentera, un entorno estéticamente agradable, el disfrute espiritual o una relación afectuosa con otros seres vivos. La moral, como dice Aristóteles, es un asunto estrictamente personal. Es cuestión del juicio independiente de cada persona.

Pero, si nos consideramos agentes libres, podemos tener diferentes razones para actuar. Hacemos ciertas cosas, tomamos ciertas medidas por deber con nosotros mismos. Nuestra decisión se alimenta del problema perenne del *sentido de la vida*. Si la persona es capaz de dejar de lado toda consideración de los hechos para guiarse por razones que tienen que ver con la forma en que vive la vida, entonces su decisión será una decisión moral. Ludwig Wittgenstein (1979) lo expresó espléndidamente: "Sólo de la conciencia del carácter singular de mi vida surgen la religión, la ciencia y el arte". Este pensamiento es aplicable también a la moral. El modo en que actuamos depende de la vida que desearíamos vivir.

Éste es un territorio donde las cuestiones acerca del carácter asumen la mayor importancia y donde la ética de la virtud ambiental

(Van Wensveen, 2000) juega un importante rol en el proceso de moldear nuestros valores y nuestra fibra moral de manera que brote una forma de comprensión que coadyuve a la conservación de la naturaleza como condición necesaria del desarrollo del potencial humano. Una persona virtuosa no dañará a los otros, ya que no es esa la manera apropiada para volverse bueno. La ética de cultivar virtudes como la valentía, la moderación, la justicia, la templanza, la amabilidad, etc. se remonta a Aristóteles. La persona buena y virtuosa reprime su egoísmo (sus preferencias) para hacer una elección racional. Una virtud (*arète* en griego) no es mera emoción o sentimiento, tampoco es una capacidad donada por la naturaleza. Las virtudes, según Aristóteles, son disposiciones o hábitos. Tales disposiciones mantienen conexiones íntimas con la elección y la acción. Y fue Platón quien, como es sabido, asoció la bondad con la belleza. La armonía de las virtudes, la bondad de carácter, coinciden con las "hermosas disposiciones del alma" (*La República*, Platón, 1963). La belleza está esencialmente ligada a las ideas morales. Si la virtud es belleza, y la belleza produce un placer estético, la persona virtuosa se comprometería con la moral en su trato a la naturaleza. La actividad humana estaría regida por la atracción por un lugar o paisaje particular. Su objetivo será no sólo nuestra felicidad, sino el bien de toda la comunidad terrestre.

No obstante, las dificultades arraigadas en nuestras vidas de seres sociales acechan por todos lados. Nuestros valores y sus orígenes están inscritos en los contextos culturales humanos heredados. Las elecciones de orden privado se realizan dentro de códigos sociales o costumbres. Dado que los valores ambientales están más arraigados en el discurso ético que en la práctica social o política, la protección y conservación de riquezas biológicas vulnerables requiere una forma colectiva de respuesta que implica principios regulativos y legislativos, y decisiones políticas. Es por medio de nuestros gobiernos que tenemos que conciliar la relación de los humanos con su entorno natural. Fue, una vez más, Aristóteles quien señaló que es la política la que "utiliza al resto de las ciencias y... que legisla sobre lo que se debe y no debe hacer" (*Ética a Nicómaco*, 1990). Al tomar decisiones que afectan directamente al público anónimo, nuestros actos toman otro carácter. No podemos ignorar esto cuando tomamos una decisión que afecta al ambiente más allá de nuestro jardín; actuamos como agentes sociales o políticos a pesar de nuestras más profundas intenciones éticas o religiosas.

Cuando diseñamos y proclamamos ciertas áreas naturales como parques nacionales o reservas de la biosfera, actuamos como agentes políticos, no morales. De hecho, la mayoría de las decisiones e iniciativas ambientales son, en un amplio sentido, "políticas", ya que aconsejan sobre lo que se debe hacer. Sin embargo, aunque la política comúnmente se basa en la conducta de las personas, ésta puede ser también de carácter represivo y normativo. Los valores ambientales (prudencia, cuidado, justicia intergeneracional, compasión y respeto por la naturaleza), al igual que otros valores, pueden ser enseñados y aprendidos.

La experiencia y la comprensión del mundo no humano, desde las tormentas hasta los mosquitos, conjugadas con los valores, pueden inspirar una nueva disposición moral y así cambiar viejos hábitos y, por lo tanto, las características tradicionales de la ética social y la toma de decisiones políticas. Esta nueva calidad de la cultura, que expresa y favorece las virtudes morales, con el tiempo podría llevar a que la calidad del medio ambiente se transformara en la prioridad política.

TRAS LAS HUELLAS DE LA ÉTICA AMBIENTAL

> *Una ética, desde el punto de vista ecológico, es una limitación de la libertad de acción en la lucha por la existencia. Una ética, desde el punto de vista filosófico, es una diferenciación entre la conducta social y la antisocial.*
>
> Leopold (1966, p. 238)

Gran parte del análisis de la política ambiental se desarrolla en los acostumbrados lenguajes de la ciencia, de la economía y del derecho con su peso contextual y metodológico de varios criterios éticos. La inclusión de valores que concuerdan con la ética ambiental requiere, en primer lugar, definir cuidadosamente un sistema de valores a seguir. El planteamiento de cualquier cuestión moral depende del sistema ético que se utilice.

EN NOMBRE DE LA NATURALEZA

Las perspectivas centradas en la naturaleza buscan la protección de las zonas silvestres y de las especies en virtud de su propio valor intrínseco. En el enfoque no antropocéntrico, la cuestión acerca de nuestro sitio en el mundo natural precede a las preguntas sobre los mecanismos sociales y políticos más apropiados para las comunidades humanas.

La estrategia de dotar a los seres no humanos de derechos similares a los que tradicionalmente se reservan a las personas ha tropezado con muchas dificultades prácticas, como la falta de reciprocidad y los problemas en la aplicación de normas de justicia. Además, esta forma de pensamiento ha entrado en colisión con nuestra idea de que los humanos tenemos derecho de vivir una vida exenta de daños evitables. Asimismo, pudiera afectar las políticas que estimulan las transformaciones económicas y sociales. Así nos veríamos obligados a rediseñar la conducta humana como expresión de una relación ser humano-naturaleza radicalmente alterada.

Por otro lado, las propuestas basadas en los derechos son fundamentalmente individualistas, atomistas y opuestas a la interpretación que pone a las especies, y no a los individuos, en el centro del debate sobre la protección de la biodiversidad. Más aún, los derechos conllevan responsabilidades, al menos para los seres humanos. Los derechos de los seres vivos no humanos y los ecosistemas deben garantizarse por agentes humanos. Esto plantea la cuestión del poder político. El concepto de buena intendencia confía la protección de lo que es valioso en la naturaleza a la intervención humana. Requiere así un fuerte compromiso en beneficio de una democracia participativa. Todavía no está claro en los sistemas legales quién tiene la obligación de preservar la biodiversidad de las irremplazables áreas naturales, como el bosque tropical, las zonas húmedas y demás. Más aún, vivimos en un mundo donde millones de personas sufren desnutrición, hambre y extrema pobreza. ¿Cómo deben ser asignadas las responsabilidades para proteger el ambiente natural y resolver las enormes desigualdades sociales y económicas?

Concepciones radicales de la ética no antropocéntrica, como la ecología profunda, reclaman una transformación dramática de los valores humanos que dé cabida a una perspectiva global y no humana. Ésta reconoce el valor intrínseco de los seres no humanos y considera a los hombres como unos habitantes más de la comunidad biótica. El derecho de todos sus miembros a cumplir su destino evolutivo se vuelve un axioma de valor claro y evidente. Según este enfoque, las actividades y comportamientos humanos deben atender a las necesidades del hombre, siendo al mismo tiempo compatibles con lo que requiere el mundo natural para proteger su biodiversidad (Naess, 1973).

Las versiones más extremas de la ética no antropocéntrica reclaman el derecho de toda forma de vida a funcionar normalmente en su ecosistema. El igualitarismo ecológico rechaza toda jerarquía. Insistiendo en la pluralidad igualitaria de la "comunidad biótica", éste contiene un llamado en favor de una "justicia biótica", la cual requiere alguna forma de razonamiento moral que conceda importancia a los intereses de todas las cosas vivientes. Cualquier forma de vida, ya sea de individuos o de especies, tiene *a priori,* derecho a participar en una "distribución equitativa" de los bienes ambientales, incluyendo los hábitats necesarios para su bienestar. Ello exige una conciencia y una sensibilidad que introduzcan cambios profundos en nuestros sistemas de valores -individuales y colectivos-, además de transformar la organización social. De igual forma, indican que la autorrealización humana es sólo posible a través de su identificación con el vasto mundo natural de nuestro alrededor.

Esta perspectiva pretende transformar la relación que los humanos tienen con el ambiente natural y superar las fronteras entre especies a fin de integrar el mundo humano en la vida orgánica de nuestro entorno biológico. Según este enfoque, la naturaleza se convierte en un modelo de virtud social, más en un medio para satisfacer nuestras necesidades. La idea antropomórfica de benevolencia universal emana directamente de la imagen de la reciprocidad e interdependencia orgánica. Estos argumentos son problemáticos. Puede ser que la naturaleza sea más benévola que el monstruo "de dientes y pinzas rojas", descrito por Alfred Tennyson en su poema *In Memoriam* (1850), pero ¿qué nos obliga a ponerla como modelo a seguir? Una vida buena no denota una vida natural, ya que los seres humanos se hallan envueltos en contextos culturales con sus respectivos idiomas e historias. Vivimos en la cultura, no sólo en la naturaleza, y esto nos impone imperativos nuevos y de mayor alcance, en vez de actuar de acuerdo con las leyes naturales.

Por otra parte, disolver de alguna manera el concepto de individuo como una persona autónoma y distinta dentro del tejido social, como lo han sugerido algunas de las versiones radicales de la ética no antropocéntrica, es una idea que tiene el potencial de eliminar los procesos democráticos. Es algo que puede impedir soluciones racionales a los problemas ambientales. Cuando lo aplicamos a la sociedad, puede conducir a un tipo de política social autoritaria que sacrificaría al individuo en la búsqueda de un bienestar general imponiendo algún estilo de vida por medios políticos.

En *A Sand County Almanac* (1966, primera edición, 1949), Aldo Leopold definió por vez primera el enfoque comunitario más viable.

En el capítulo titulado “La ética de la Tierra”, Leopold señala los pasos de la evolución ética desde la perspectiva de la preocupación por la excelencia moral personal, pasando por las relaciones que se dan entre el individuo y la sociedad, hasta la relevancia de los lazos con nuestro medio natural, los “suelos, aguas, plantas y animales, o colectivamente: la tierra” (pág. 239). El propósito de la “ética de la tierra” no consiste tanto en atribuir un valor “intrínseco” a los ecosistemas, sino más bien en reconocer la comunidad biótica a la que todos pertenecemos. La visión comunitaria de la naturaleza presupone que todos los seres naturales, en su gran diversidad, están en cierto modo vinculados. Incita a los humanos a reflexionar detenidamente sobre nuestra dependencia y actitud hacia el vasto mundo que nos rodea. En términos prácticos, la “ética de la tierra” no se opone a las actividades humanas necesarias para producir alimentos, utilizar los recursos o diseñar el paisaje. Se opone a la contaminación del ambiente y la destrucción de la biodiversidad. En todos sus actos, los humanos, como integrantes de la comunidad de la Tierra, tenemos que *conservar la integridad, la estabilidad y la belleza de la comunidad biótica* (págs. 238-62).

La perspectiva de Leopold ofrece una base potencial para el acceso más equitativo a los recursos naturales a escala nacional y global, para una consideración más justa de las generaciones presentes y futuras y para un proceso de toma de decisiones más democrático. También sugiere una razón para proteger y conservar la diversidad cultural y biológica por medios socialmente justos y económicamente eficientes.

No obstante, la ética de la tierra tiene también sus problemas. Da lugar a una serie de preguntas que conciernen las funciones vitales de todos los integrantes de la comunidad (seres humanos *versus* no humanos); el *status*, la intensidad y las fronteras temporales y espaciales de la comunidad; la clase de obligaciones que tenemos para con los demás miembros de la comunidad; etc. A todas estas preguntas los ecologistas les han dado diversas respuestas. Carolyn Merchant (1995) trata de postular a la naturaleza como un socio activo a través de una ética social con equidad de partes. El término “socio” es ideológico, pues implica una acción conjunta de todos los miembros (socios) hacia un propósito o una meta en común. Por ejemplo, hacia un nuevo equilibrio donde los seres humanos y no humanos, siendo agentes igualmente activos, cooperan unos con otros. Sin embargo, esta propuesta ha tropezado con varias dificultades y críticas insalvables en el contexto de la sociedad humana, lo cual despierta muchas dudas sobre la posibilidad de llevarla a cabo. Se han expuesto una serie de argumentos cruciales en contra del planteamiento asociativo en un contexto humano bastante reducido (Chatterjee, 1996; Carlson, 1997; Erlander, 1998). Poner en práctica dicha propuesta implicaría, también, la necesidad de transformar profundamente nuestras percepciones, instituciones y toda la estructura social y política. Además, integrar la naturaleza en la comunidad moral no proporciona automáticamente la solución correcta de conservación y tampoco resuelve los dilemas de la justicia. ¿Debe prevalecer siempre el bien de muchos sobre el bien del individuo? ¿Hay que conservar la biodiversidad por su valor intrínseco o para maximizar el bienestar humano? Confrontar los intereses humanos con los del mundo natural es erróneo. Sin embargo, el cuestionamiento sobre si debemos o no sacrificar nuestro afán de justicia social para defender los intereses de ecosistemas o conservar las áreas silvestres es un problema serio.

Frente a los graves problemas humanos que enfrentamos, la ética que presupone el valor de la naturaleza *en sí* difícilmente será alguna vez un elemento fundamental de la teoría del valor que habrá de guiar la política ambiental. La idea de conceder un valor normativo propio a los intereses de los árboles, las montañas, los ecosistemas y los seres humanos, parece poco realista, por atractiva que sea. Es equivocado esperar que la gente viva en la pobreza al lado de las reservas animales o de la biosfera. Las personas no dejarán, por respeto a la naturaleza, de talar árboles pese a todo el respeto y la empatía que puedan sentir hacia otros seres vivos. Es poco probable que el enfoque teórico diseñado para elucidar el valor intrínseco de la naturaleza se realice con éxito en la práctica de las políticas ambientales.

¿ES EL SER HUMANO LA MEDIDA DE TODAS LAS COSAS?

La segunda posición ética de importancia sostiene que el ser humano es el único portador de valor. El antropocentrismo ve el ambiente natural como un ambiente cultural, necesario a la vida humana y su desarrollo. Hace hincapié en los derechos ambientales humanos de disfrutar de aire y agua limpios, alimentos seguros y saludables, así como de una naturaleza armoniosa. También sugiere la prudente gestión de los recursos naturales para nuestro beneficio, ya que el mundo natural ofrece una amplia gama de valores físicos, biológicos, espirituales y estéticos esenciales a la vida humana. Reconoce los límites del crecimiento económico desmedido y tiene como objetivo una versión sostenible de desarrollo. También reflexiona sobre la necesidad a largo plazo de conservar los beneficios de los recursos naturales para las generaciones futuras.

Una perspectiva antropocéntrica atribuye al valor del ambiente natural un papel meramente instrumental, como medio para satisfacer las necesidades humanas. Este enfoque centrado en el hombre domina gran parte de la toma de decisiones internacionales. Tiene un atractivo inmediato porque ésta es la manera en que se suelen resolver los problemas de la política ambiental. Demuestra un interés en los valores de la ecología, tales como minimizar los impactos humanos negativos en los ecosistemas y maximizar los esfuerzos de conservación. En general, tiene que ver ante todo con el uso restringido, la conservación de los recursos y la asignación de justicia. Sintetiza el problema de la conservación en la "inteligente gestión" de los recursos naturales.

La mayoría de las propuestas formuladas dentro de la corriente antropocéntrica de la ética ambiental están basadas en la tradición utilitarista, común a nuestra cultura política. Los seres humanos tienen la obligación ética de cambiar activamente el mundo para maximizar el grado de placer y minimizar el dolor de todas las personas y los otros mamíferos dotados de sensibildad.

Para alcanzar estos objetivos, los humanos pueden usar su ingenio y transformar el entorno natural. Las personas aprecian la naturaleza en el contexto estricto de su utilidad y optan por las respuestas en gran parte económicas a las diversas cuestiones, incluso en el ámbito ecológico. Sin embargo, la teoría moderna de la utilidad difiere del utilitarismo clásico que identifica el bienestar con la felicidad o con las emociones placenteras. Consecuentemente, resume las aspiraciones sociales o individuales en la intensidad de los deseos, sentimientos y preferencias que expresan. Ni que decir tiene que el concepto de la utilidad o de la utilidad pronosticada, entraña factores del riesgo que oscurecen nuestro conocimiento del modo en que operan la sociedad y la naturaleza. Lo cierto es que todas las decisiones respecto al impacto ambiental caen generalmente en la categoría de decisiones de riesgo, la cual sugiere que siempre debemos prever lo inesperado de las decisiones tomadas en cuanto al mundo natural y social. Las soluciones dependen de la ciencia, la técnica, la logística y de supuestos económicos y morales sobre lo que es bueno y malo para los humanos y otras formas de vida. A pesar del creciente interés del público por la naturaleza y la vida salvaje, los argumentos de los conservacionistas deberán ser, en última instancia, formulados en términos de costos-beneficios, ya que los gobiernos siempre determinarán sus políticas considerando el dinero que tienen que gastar y, en algunas ocasiones, las prioridades aceptadas por su electorado.

Al mismo tiempo, sin embargo, lenta pero inexorablemente, un conjunto más amplio de obligaciones, más profundas, está siendo reconocido por la sociedad humana, un conjunto que complementa las obligaciones para con los miembros no humanos de la comunidad biótica. Recientemente, se ha sugerido que todos los tipos de beneficios no derivados del mercado (preservación de las especies, la apreciación estética de los bosques, el interés científico de la biodiversidad y los placeres recreativos o espirituales) se incluyan en el análisis de costos y beneficios. Lo que busca este tipo de análisis en el contexto ambiental es comparar los beneficios (inmediatos y difusos, monetarios y no monetarios) de una toma de decisión (tal como la conservación de las áreas silvestres, la disminución de la pobreza y la instauración de la equidad) con los costos, directos o potenciales. El "principio de precaución" constituye un método para incorporar los asuntos de equidad intergeneracional a la toma de decisiones ambientales.

A menudo, los defensores de la ética ambiental han sostenido que la comprensión y apreciación de las maravillosas bellezas del mundo natural pueden transformar nuestras actitudes hacia la naturaleza. La sensibilidad estimulada por los encantos del ambiente natural puede llevar a acciones prácticas para promover y conservar la riqueza y la sublime grandeza del mundo natural que nos rodea. Un sentimiento más profundo por la belleza que emana de la naturaleza del mundo silvestre puede incrementar nuestro interés por lugares y animales indómitos, revitalizando nuestros lazos con el mundo "exterior". Para aquellos de nosotros que vivimos en un mundo sobrepoblado y enfrentando un sinnúmero de problemas sociales, la naturaleza nos ofrece un goce estético y físico, un sentimiento de libertad. Caminar, correr, nadar, montar en bicicleta, esquiar, observar aves, son formas de acercarse a los paisajes naturales para sentirlos estéticamente. Admiramos el mundo natural no sólo por su valor instrumental, antropocéntrico, sino también por su belleza. La naturaleza silvestre es un espectáculo, un teatro de placeres peculiares y el escenario de nuestra imaginación. Como lo expresó Maurice Merleau-Ponty (1945), el "paisaje se sitúa entre la mirada del observador y la carne del mundo".

El paisaje como imagen del mundo también puede ofrecer un ámbito para una visión más cabal de una nueva filosofía de la Tierra, para una reflexión sobre nuestros orígenes naturales con la promesa y la confianza en salvar la naturaleza y el género humano en un nuevo orden social. Efectivamente, los críticos de las políticas ambientales contemporáneas nos ofrecen visiones de una sociedad libre y ecológica que puede transformar nuestras relaciones entre individuos y con el mundo. La ecología social (Bookchin, 1980) describe un sistema social no destructor, propicio al pleno desarrollo de los seres humanos y de las otras criaturas. Exige abandonar el egoísmo y la codicia por las virtudes sociales y ambientales. Asimismo, promete la igualdad política y social y una alianza más armoniosa con el mundo natural. Recientemente, se pueden encontrar paralelos en la aspiración a un ecosocialismo o ecocomunismo que, al parecer, vincula el bien de la humanidad con la democracia en la Tierra (Albritton *et al*, 2004).

Indiscutiblemente, los eventos del pasado pueden arrojar una irrefutable luz sobre estas ideas ilusoriamente atractivas. Como demuestra la historia, el marxismo sacrificó la biodiversidad y la conservación en aras de los bienes económicos, como objetos de consumo o medios de producción (Marx, 1973, págs. 409-10). Subordinó los recursos naturales, los paisajes y los ecosistemas a los intereses "más importantes" de la elite política, convirtiendo así la relación entre el ser humano y naturaleza en un asunto político e ideológico.

Sin lugar a duda, una de las características más inquietantes de las soluciones más radicales a los problemas ambientales y sociales es la tendencia a convertirse en autoritarias frente a la eventualidad de una hecatombe ecológica total. Estas preocupaciones conducen a proponer "guardianes ecológicos" para asesorar a la sociedad sostenible sobre el uso "justo" o moral de los recursos naturales. No cabe duda de que una sociedad tiene que ejercer una cierta presión sobre sus ciudadanos para alcanzar los objetivos ambientales que benefician a todos. Estas decisiones entrañan sacrificios, pequeños o grandes, por parte de los individuos, e incluso habrá que recurrir a la coacción sobre aquellos que no quieran someterse o cooperar en la conservación ambiental.

Pero lo cierto es que esta protección coercitiva de la vida silvestre y los ecosistemas, aparentemente para el bien público y los beneficios intangibles de la conservación, pueden, de hecho, dañar el ambiente y reforzar el poder político del Estado. El peligro de un Estado que cree saber, e impone, lo que es mejor para sus ciudadanos no es ajeno a nuestra historia y, por lo tanto, deberíamos velar por que esto no ocurra en los asuntos ambientales. Hay que evitar prescribir a otros lo que debe ser una decisión moral o lo que deben hacer con sus vidas. En política ambiental, el paternalismo es un vicio. Mientras todas las organizaciones y sociedades no gocen de autoridades democráticas con cada ciudadano comprometido con la libertad, la paz y el respeto, exigir que haya una persona autorizada o un guardián ambiental que hable en nombre de las futuras generaciones suena peligrosamente autoritario.

La verdadera ética para la *casa* natural que compartimos con todos los seres que viven en ella requiere que los miembros capaces de sentido moral cuiden este hogar y actúen de tal forma que le permitan seguir existiendo en los tiempos venideros. Para alcanzar este objetivo hemos de adoptar un ideal de razón, más que de autoridad. El camino hacia el bien que buscamos pasa por la justicia para las presentes y futuras generaciones y por el uso sostenible de la naturaleza. Sólo así podremos evitar "el fin de la Tierra... cuando la semilla de la tierra se haya agotado, como el anciano, como la anciana, cuando no tenga valor, cuando ya no pueda dar a nadie de beber ni de comer" (Sahagún, 1982).

EL RETO DE LOS CONCEPTOS Y LAS DEFINICIONES

Antes de que podamos progresar en el debate moral y en la educación ética tenemos que aclarar el significado de los conceptos, tan importantes para nuestros discursos. La administración y la conservación del ecosistema necesitan conceptos justificados y verificables. Lo cierto es que actualmente los biólogos han empezado a descartar la idea del ambiente natural como algo "exterior" y al que hay que adaptarse, para definirlo en términos de una relación dinámica entre un organismo y su "nicho". El medio ambiente es el entorno de un organismo, su morada, su horizonte. Ha llegado la hora de que los éticos ambientales revisen los conceptos que emplean y, en particular, nuestra idea de la naturaleza. ¿Qué significa ser "natural"? ¿Qué es lo que hace que algo sea "natural"?

LA NATURALEZA: UN CONCEPTO ABIERTO

Al parecer, en la historia de las ideas occidentales ningún otro concepto ha adquirido una gama tan vasta ni tan difundida de significados como el término "naturaleza". Ha aparecido en la literatura filosófica, en la religión y en las artes con toda una variedad de connotaciones y, por ende, no posee un valor semántico único ni un sentido rigurosamente definido. A lo largo de la historia del pensamiento humano, la naturaleza ha sido inseparable de la humanidad, como una entidad aparte, animada o mecanizada, espiritual o material, benigna o amenazadora, divina o pecaminosa. Nuestra concepción actual de lo que es *natural* se deriva, en gran parte, de la tradición romántica que ha plasmado la visión de un mundo aparte de las creaciones humanas. La "naturaleza" es un orden distinto de lo "humano". Hay infinitas posibilidades de contestar a la pregunta respecto a lo que es "natural". Pero la ética ambiental necesita una connotación clara e inequívoca del concepto. De lo contrario, imágenes contradictorias profundamente enraizadas en las creencias culturales nos impedirán analizar efectivamente nuestros valores ambientales.

No debemos olvidar que la naturaleza comprende lo más maravilloso y lo más funesto, lo más bello y lo más horrible, lo feliz y lo siniestro. La naturaleza desconoce la compasión y la justicia. El desastre es tan natural como el incendio que destruye el bosque o la muerte de un alce en las garras de un lobo. Son las fuerzas que forman parte del espectáculo de la naturaleza. La crueldad de los depredadores, el rugir del viento destructor y del fuego pertenecen a la naturaleza.

La historia del concepto de "naturaleza" ha variado considerablemente a lo largo del tiempo en las diferentes culturas. A pesar de que sus capítulos más oscuros parecen quedarse en el olvido con el fin de percibir la "naturaleza" como algo suave y sereno, un modelo a seguir, frecuentemente se ha usado el concepto como mero pretexto para las políticas de conservación dogmáticas y coercitivas.

En la búsqueda de respuestas, hemos de remontarnos a las raíces históricas del concepto más allá de la filosofía general de la naturaleza y estudiar las grandes tradiciones de otras culturas. En polaco, por ejemplo, existe la terminología que distingue el espacio físico-biológico y las demás connotaciones de la palabra 'naturaleza'. El término 'natura' (*natura naturans, origo rerum, lex naturae*) se refiere al universo como una entidad externa que puede ser comprendida intelectualmente. Éste designa el origen creativo y la constitución de todas las cosas; incluye la idea del ser humano, un microcosmos enlazado íntimamente con la totalidad del universo-macrocosmos. El segundo término, 'przyroda' (*natura naturata*), se aproxima a la definición moderna de la *biota*, a saber, la flora y la fauna tomadas colectivamente, o la vida animal y vegetal que caracteriza a una determinada región (Kwiatkowska, 2002).

Encontrar una definición universalmente aplicable de lo *natural* puede ser difícil, si no imposible. Sin embargo, incluso una aproximación podría contribuir a resolver cuestiones que hacen intervenir los valores como son la eliminación de las especies invasoras, o los dilemas inherentes a las prácticas de la restauración ecológica, o la ingeniería genética. Además, una definición precisa sería útil para formular las políticas de gestión de diversos tipos de zonas protegidas, desde las reservas de la biosfera hasta los parques recreativos.

LA ECOLOGÍA ¿ES COSA DE TODOS?

Plantear los problemas morales particulares requiere el análisis más afinado de los conceptos concretos. Hay una fuerte tentación, entre los científicos y los filósofos, a dejarse cautivar por las metáforas y sucumbir a la ilusión de que una metáfora puede sustituir una explicación científica. Términos como "natural", "equilibrio de la naturaleza" e "integridad ecológica" tienen una gran fuerza discursiva debido a su vaguedad. Sus múltiples connotaciones y las definiciones tautológicas permiten una gran flexibilidad. No obstante, los conceptos y las ideas científicas encierran valores que saltan a la vista cuando procuramos convertir términos tales como "naturaleza" o "natural" en guías específicas de acción. Aunque el mundo natural no puede orientar nuestras creencias morales hacia la verdad, muchos filósofos consideran que la ciencias de la vida pueden aportar información útil para plasmar los valores humanos.

Aún más intenso ha sido el debate sobre la proyección de nuestros propios valores en la naturaleza. ¿Qué lección moral podemos extraer de la percepción de los *modi operandi* de la naturaleza? Ya es bastante arriesgado cuando se emplean como orientación práctica de las políticas de conservación, pero aún más cuando se utilizan como principios universales.

Si la protección de la biodiversidad es uno de estos principios, ¿tenemos el deber de actualizar su potencial? ¿O hay que permitir que transite espontánea o naturalmente de la potencia al acto sin que intervenga el ser humano? ¿Requiere la naturaleza una causa eficiente o un agente material? Los conceptos de "estabilidad natural" y de "previsibilidad" del curso de la naturaleza, aceptados de buena fe como valores universales, distorsionaron la comprensión de los auténticos procesos naturales tales como los incendios de bosques o praderas, imponiendo la obligación moral de suprimir estos aparentes disturbios. Lo que descubrimos de la naturaleza ¿tiene alguna importancia para lo que es seguro, racional y/o óptimo en nuestros modelos sociales y políticos?

Hay una línea muy tenue entre la descripción científica y un cuento de "hadas" ambiental. Los escasos y débiles vínculos entre científicos y humanistas muy a menudo llevan a la confusión sobre el uso de ideas y términos originarios de las ciencias de la vida y de la física en el discurso de la ética ambiental. Hay muchas maneras de abuso en la extrapolación de conceptos científicos más allá de su dominio pertinente, denominado a menudo "cientificismo". Es importante subrayar que las teorías científicas, ya sean matemáticas, físicas (como la teoría del caos o las teorías relativas a las partículas subatómicas), o biológicas no tienen incidencias éticas idóneas que guíen las actitudes individuales (por ejemplo, saber si hemos de reciclar, o ser vegetarianos) ni políticas sociales beneficiosas para el ambiente natural (Callicott, 1985, 1999; Sokal y Bricmont, 1998).

Aristóteles y otros han subrayado que el juicio moral responsable debe sustentarse en el buen entendimiento del significado de los hechos, y no en recitarlos "como un borracho recita los versos de Empédocles". El mérito científico, por sí sólo, si bien es una condición necesaria, rara vez es suficiente para guiar un programa de la ética ambiental. La comprensión de las ocurrencias puede alterar sustancialmente nuestras actitudes, comportamientos y valores. No obstante, un juicio illustrado acerca de cuestiones ambientales necesita conocimientos apropiados que van más allá del interés y la comprensión de los legos. Lo que no significa que las decisiones éticas deben dejarse a los expertos, sino recordar que necesitamos por igual la política y la ética.

Cabe mencionar que es bastante fácil emplear indebidamente un conocimiento biológico y, por tanto, tenemos que vigilar con ojo crítico sus posibles aplicaciones, ya que las innumerables lecciones sociales hacen que cualquier persona que conozca bien la historia se sienta incómoda.

Tenemos que entender la ética no en su estrecho sentido moderno como una teoría de las obligaciones morales, sino como una reflexión socrática sobre cómo vivir la vida. Esta reflexión no separa la vida emocional de la racional, sino que exige conocer en la máxima medida posible quiénes son los actores en cualquier circunstancia. Vista así, la ética tiene que alzar la bandera de la consideración moral, la prudencia y la responsabilidad, para defenderse hasta que podamos comprender mejor el cambio ambiental y la complejidad espacial y temporal de los sistemas naturales.

OBSERVACIONES FINALES Y SUGERENCIAS DE ACCIÓN INTERNACIONAL

Al considerar los numerosos libros, artículos y antologías publicados, así como los sitios Web, uno puede sentirse intimidado por el perpetuo esfuerzo para desentrañar los complejos lazos de los seres humanos con el mundo natural, y por la creciente sofisticación del discurso teórico. Sin embargo, la preocupación de la ética ambiental por explicar el valor del mundo no humano ha corregido muchas de las relaciones meramente explotadoras del mundo natural, integrando una perspectiva moral en la actitud y en la toma de decisiones. El concepto de "gestión ambiental" ha reemplazado al de "dominación" de la naturaleza. Éstos son términos similares, pero sus campos semánticos difieren. Los administradores pueden plantearse relaciones comunitarias entre humanos y naturaleza, y una democracia participativa compatible con el uso racional de la diversidad biológica. La administración enfatiza el proceso de apoyo mutuo entre el crecimiento humano y la emancipación socioeconómica, así como la conservación del ambiente natural.

A pesar de los múltiples y visibles logros en muchos países, en particular en las regiones que hospedan la máxima diversidad biológica, ha sido casi imposible frenar las actuales tendencias de degradación ambiental. Las prácticas de conservación obedecen muchas veces a las reglas impuestas por el derecho ambiental. Los profesionales a cargo de las propuestas de conservación tienden a hablar en términos morales generales sobre la necesidad de protección forestal y la prevención de la pérdida de la biodiversidad. Comúnmente se llega así a la noción de naturaleza libre de la presencia humana. Esta percepción, sin embargo, al igual que todos "los puntos de vista que no vienen de ninguna parte" (Nagel, 1986) está frecuentemente en discrepancia con las realidades locales. No cabe duda que hay que plantearse y resolver las complejas interacciones de la biología, la economía, y los factores sociales y tecnológicos de una manera ética. Sin embargo, la efectividad de una política ambiental no se puede reducir a un simple cambio de conciencia antropocéntrica a una orientada hacia la naturaleza. La elaboración de una ética funcional depende de las economías regionales, las políticas locales y las demandas exteriores, todas las cuales están inscritas en un escenario social y cultural.

Para seguir utilizando los recursos del planeta de manera sostenible, la UNESCO podría fomentar las actividades siguientes:

- Estudios interdisciplinarios teóricos y empíricos de nuestros vínculos con el ambiente natural en diversas zonas ecológicas y en relación con diversos mecanismos institucionales.
- Formación profesional multidisciplinaria en ética ambiental con el fin de proporcionar bases para la toma de decisiones; el nivel de complejidad (espacial y temporal) requiere análisis multidimensionales y una amplia información científica.
- Asesoramiento ético para los que toman las decisiones y para el público en general.
- Talleres subvencionados para que diferentes comunidades impulsen el "aprendizaje ético" organizados en cooperación con sus miembros.
- Estudios de lugares alejados de las noticias, donde no es necesaria la intervención ajena gracias a los esfuerzos de la comunidad local y de particulares con objeto de comprender en qué condiciones puede hacer una ética de la conservación local, ya que cualquier acción aparentemente insignifiante puede apoyar el desarrollo de una ética más universal de la tierra.
- Promoción y apoyo a las universidades para la introducción de cursos de la ética ambiental como asignaturas obligatorias y/o la inclusión de la educación en ética ambiental como módulos en otros cursos pertinentes (la mayoría de las universidades de América Latina no ofrecen ninguna formación en ética ambiental).
- Becas de postdoctorado para los que se dedican a la investigación en este ámbito.
- Apoyo a la investigación sobre la ética ambiental y publicación de los resultados.
- Llevar la ética ambiental a "casa" mediante una educación ambiental que enseñe a conocer y respetar las plantas y los animales, no solamente en una alejada reserva de biosfera, sino en el jardín de nuestra propia casa o en una huerta familiar.

Es común que la cultura local encuadre el problema de la conservación, así que la investigación debe girar en torno a la conducta humana con el fin de impulsar y realzar el deber ético de conservar y restaurar los ecosistemas. Aristóteles señaló acertadamente: "la mayoría de la gente obedece a la necesidad en vez de la argumentación, al castigo en vez del sentimiento de lo que es noble". Una sociedad puede controlar y dirigir acción sobre el ambiente sólo si está organizada de tal manera que pueda fomentar u obligar a sus miembros a comportarse de una manera favorable para la naturaleza.

La UNESCO no sólo debe respaldar las declaraciones internacionales, sino que ha de reforzar su aplicación. Necesitamos instituciones autónomas junto a una ética autónoma.

AGRADECIMIENTOS

Deseo agradecer a Holmes Rolston III sus valiosas observaciones y su inestimable ayuda editorial, que han mejorado considerablemente este ensayo.

BIBLIOGRAFÍA

Albritton, R.; Bell, S.; Bell, J. R.; Westra, R. (eds). 2004. *New Socialisms. Futures Beyond Globalization.* Londres y Nueva York, Routledge.

Aristotle. 1941. On the parts of animals (Sobre las partes de los animales). R. McKeon (ed.), *The Basic Works of Aristotle.* Nueva York, Random House.

———. 1990. Nicomachean ethics (Ética a Nicómaco). W. D. Ross (trans.) y M. J. Adler (ed.), *Great Books of the Western World*, 2ª ed., vol. 8. Chicago, Ill., Encyclopedia Britannica.

Bookchin, M. 1980. *Toward an Ecological Society.* Montreal, Black Rose Books.

Callicott, B. 1985. "Intrinsic value, quantum theory and environmental ethics", en *Environmental Ethics*, vol. 7, pp. 257-275.

———. 1999. *Beyond the Land Ethic: More Essays in Environmental Philosophy.* Albany, NY, State University of New York Press.

Carlson, E. 1997. "The legacy of habitat II", en *The Urban Age*, vol. 4, nº 2, pp. 1 y 4-6.

Chatterjee, P. 1996. "Partnership in action", en *The Urban Age*, vol. 4, nº 2, p. 14.

CMMAD (Comisión Mundial sobre Medio Ambiente y Desarrollo). 1987. *Nuestro futuro común.* Segunda reimpresión. Madrid, España, Alianza Editorial.

Dubos, R. 1972. *A God Within.* Nueva York, Charles Scribner´s Sons.

Erlander, I. 1998. *Partnerships and Urban Governance: Towards an Agenda for Cross-National Comparative Research.* París, ISSC-UNESCO/MOST.

Goldin, O. y Kilroe, P. (eds). 1997. *Human Life and the Natural World: Readings in the History of Western Philosophy*. Peterborough, Ont., Broadview Press.

Kwiatkowska, T. 2002. "Perceptions of nature in Polish medieval and early Renaissance writings", en T. M. Robinson y L. Westra (eds), *Thinking about the Environment: Our Debt to the Classical and Medieval Past*. Lanham, Lexington Books, pp. 87-99.

Leon Portilla, Miguel. 1994. *Quince poetas del mundo náhuatl*. México, Diana.

Leopold, A. 1966. *A Sand County Almanac: With Essays on Conservation From Round River*. Nueva York, Ballantine Books. (Primera edición, 1949: Nueva York, Oxford University Press).

Marx, K. 1973. *Grundrisse. Foundations of the Critique of Political Economy*. Nueva York, Random House.

Merchant, C. 1995. *Earthcare: Women and the Environment*. Nueva York, Routledge.

Merleau-Ponty, M. 1945. *Phénoménologie de la perception*. París, Gallimard.

Naess, A. 1973. "The shallow and the deep, long-range ecology movement: a summary", en *Inquiry*, vol. 16, pp. 95-99.

Nagel, T. 1986. *The View from Nowhere*. Oxford, Reino Unido, Oxford University Press.

Plato. 1963. Republic. E. Hamilton y H. Cairns (eds), *Plato: Collected Dialogues*. Princeton, Nueva Jersey, Princeton University Press.

Rozzi, R. 1999. "The reciprocal links between evolutionary-ecological sciences and environmental ethics", en *BioScience*, vol. 49, n° 11, pp. 911-921.

Sahagún, B. 1982. *The Florentine Codex: General History of the Things of New Spain*. Santa Fe, School of American Research y University of Utah. (Traducido por A. Anderson y C. Dibble).

Sokal, A. y Bricmont, J. 1998. *Fashionable Nonsense: Postmodern Intellectuals´ Abuse of Science*. Nueva York, Picador.

Tennyson, A. 1850. *In Memoriam*. Londres, E. Moxon.

Van Wensveen, L. 2000. *Dirty Virtues: The Emergence of Ecological Virtue Ethics*. Amherst, Nueva York, Humanity Books.

Whitehead, A. N. 1929. *Process and Reality*. Nueva York, Macmillan.

Wittgenstein, L. 1979. *Notebooks 1914-1916*. Oxford, Blackwell.

LA SITUACIÓN ACTUAL DE LA ÉTICA AMBIENTAL A PARTIR DE LOS DOCUMENTOS DE JOHANNESBURGO

Johan Hattingh

INTRODUCCIÓN

Más que en los aspectos teóricos de la ética ambiental, el presente capítulo versa sobre lo que podría llamarse la "tarea práctica" de ésta. En términos generales, podría decirse que la tarea práctica de la ética ambiental consiste en crear una sociedad ecológicamente responsable (De Geus, 1999), mientras que la tarea teórica estriba en encontrar una teoría de valor suficientemente matizada y sofisticada para servir de base a este desempeño práctico; mis razones para dar prioridad al aspecto práctico de la ética ambiental se irán viendo a medida que avance el estudio.

El tema de este capítulo se centra en la situación actual de la ética ambiental como desempeño práctico, y he tomado como punto de partida un conjunto de documentos que se prepararon o que proceden de la Cumbre Mundial sobre el Desarrollo Sostenible, celebrada en Johannesburgo en los meses de agosto y septiembre de 2002. He elegido estos documentos, en primer lugar, porque fueron preparados, debatidos y aprobados (en el caso de los documentos oficiales de las Naciones Unidas) por un amplia *audiencia internacional* compuesta de los principales responsables de las políticas y las decisiones en materia ambiental, quienes se reunieron en Johannesburgo para llevar a cabo la tarea práctica de establecer estatutos y medidas con objeto de poner en acción los ideales de desarrollo sostenible adoptados en 1992 en la Cumbre de Río, que por un motivo u otro no se habían materializado. A la Cumbre Mundial asistieron diecisiete mil delegados, entre ellos ciento cinco jefes de Estado y, oficialmente, estuvieron representados ciento ochenta países. A mi parecer, las deliberaciones y resultados que fueron presentados en forma de declaraciones y planes de ejecución, denominados en general "documentos de Johannesburgo", establecen un marco de lo que podría considerarse el consenso predominante en la ética ambiental de hoy.

La segunda razón para elegir los documentos de Johannesburgo como punto de partida es que éstos contemplan la ética ambiental práctica como una *acción internacional multilateral conjunta*. En la Declaración de Johannesburgo sobre el Desarrollo Sostenible (CMDS, 2002a) y en el Plan de Aplicación de las Decisiones de Johannesburgo (CMDS, 2002b) se fijaron numerosos objetivos concretos como un intento de mejorar el proyecto de desarrollo sostenible en un contexto global e internacional. Me parece que un análisis detenido de estos objetivos, así como de las justificaciones ofrecidas para establecerlos, nos ayudaría a determinar hasta qué punto ha evolucionado la ética ambiental y si ésta se ha convertido en una seria toma en consideración del programa de estos agentes mundiales, cuyas decisiones y acciones determinan que se aborden adecuadamente las cuestiones ambientales. Estos agentes mundiales son los gobiernos nacionales, las empresas internacionales y los órganos internacionales de la sociedad civil, y en particular organizaciones no gubernamentales tales como la Unión Internacional para la Conservación de la Naturaleza (UICN) y el Fondo Mundial para la Naturaleza (WWF).

El tercer motivo para basar mi exposición en los documentos de Johannesburgo es que éstos representan, en cierta medida, lo que constituye la tarea práctica de la ética ambiental en el campo internacional, donde *debe buscarse un acuerdo que deje atrás los estrechos intereses nacionales o las diferencias ideológicas*. Con la asistencia de representantes de 180 países a esta cumbre, creo que los documentos de consenso aprobados en ella representan el resultado de los acuerdos establecidos por países que, actualmente, enfrentan diferentes situaciones y tienen distintos intereses con respecto a las medidas establecidas para responder a diversos problemas ambientales. Al mismo tiempo, esos documentos nos ayudarán a determinar lo que queda por hacer y los acuerdos que deben llevarse cabo en nuestra condición de sociedad global para abordar nuestros problemas ambientales.

Así pues, los documentos de Johannesburgo serán el dispositivo heurístico que nos permitirá hacer hincapié en los puntos de convergencia concernientes al campo de la acción, y no en las divergencias presentes en el reino de las ideas filosóficas abstractas. No obstante, como los puntos de consenso incluidos en los documentos de Johannesburgo no están exentos de críticas, también nos ayudarán a determinar las lagunas existentes en la actual respuesta internacional a los problemas ambientales, carencias que habrá que enfrentar en el futuro.

Para alcanzar estos objetivos, empezaré con una descripción de índole muy general sobre las características prácticas de la ética ambiental, presentes en los documentos de Johannesburgo. Bajo esta perspectiva, parto de la siguiente hipótesis: toda ética ambiental, sea práctica o teórica, deberá pronunciarse acerca de la naturaleza y las dimensiones de nuestros problemas ambientales respondiendo a las preguntas siguientes: en qué se fundamenta nuestra preocupación por estos problemas, cuáles son los objetos específicos de esta preocupación, qué medidas hay que tomar para resolver estas dificultades y cuáles son nuestros objetivos.

Al trazar este esbozo, explicaré por qué, en la actualidad, los ideales y los principios del desarrollo sostenible son la respuesta a nuestros problemas ambientales en un nivel práctico y en todas las esferas de acción. Tras demostrar dónde y cómo encaja el desarrollo sostenible en el esquema más amplio del consenso actual respecto a la tarea práctica de la ética ambiental, analizaré dicho consenso en materia de desarrollo sostenible. Considero que la noción dominante de desarrollo sostenible plantea grandes problemas que están por resolver. A partir del cuestionamiento de esta noción, y de las sugerencias sobre las formas de subsanar estas deficiencias, se inicia el debate respecto a los retos que debemos superar para resolver adecuadamente nuestros problemas ambientales.

Partiendo de esta descripción general, indicaré algunas acciones con las que la UNESCO puede ayudar a sus Estados Miembros a sacar la ética ambiental, como una empresa práctica, de la situación en que se encuentra actualmente.

RASGOS CARACTERÍSTICOS DE UNA ÉTICA AMBIENTAL PRÁCTICA

Las deliberaciones y los resultados oficiales de la Cumbre de Johannesburgo sobre el Desarrollo Sostenible deben leerse e interpretarse en el contexto de los valores, principios y objetivos que fueron aceptados el 8 de septiembre de 2002 en la Declaración del Milenio de las Naciones Unidas (ONU, 2000), donde se indicaban seis valores compartidos y fundamentales para las relaciones internacionales en el siglo XXI; éstos son los generalmente llamados "Objetivos de Desarrollo del Milenio".

Uno de estos valores es el respeto a la naturaleza, junto con la libertad, la igualdad, la solidaridad, la tolerancia y la responsabilidad compartida. Para traducir estos valores en acciones prácticas se señaló que uno de los objetivos clave de consideración especial era la protección de nuestro medio ambiente común; otros objetivos fundamentales eran la paz, la seguridad y el desarme, el desarrollo y la erradicación de la pobreza, los derechos humanos, la democracia y el buen gobierno, la protección de los pueblos más vulnerables, la satisfacción de las necesidades especiales de África y el fortalecimiento de las Naciones Unidas.

Conviene, pues, iniciar el análisis de la situación actual del consenso internacional que contempla la ética ambiental como una empresa práctica y revisar las referencias de la Declaración del Milenio concernientes a la naturaleza de nuestros problemas ambientales, los fundamentos de nuestras preocupaciones, cuáles han de ser los objetos de éstas, cómo debemos abordar estas dificultades y qué desearíamos conseguir con nuestra acción en la esfera ambiental.

La naturaleza y el alcance de nuestros problemas ambientales

Según la Declaración del Milenio de las Naciones Unidas, nuestros problemas ambientales consisten, esencialmente, en "la amenaza de vivir en un planeta irremediablemente dañado por las actividades del hombre, y cuyos recursos ya no alcancen para satisfacer las necesidades", en primer lugar de "nuestros hijos y nietos". Preocupa la posibilidad de que no consigamos preservar y transmitir a nuestros descendientes "las inconmensurables riquezas que nos brinda la naturaleza" (ONU, 2000). De esta manera, la Declaración del Milenio expresa una idea ampliamente aceptada hoy en día respecto a la naturaleza de nuestros problemas ambientales: la relación de estos problemas con el agotamiento y la destrucción de los recursos.

Estas preocupaciones aparecen de nuevo en la Declaración de Johannesburgo cuando se habla sobre el Desarrollo Sostenible (CMDS, 2002a):

> El medio ambiente mundial sigue deteriorándose. Continúa la pérdida de biodiversidad; siguen agotándose las poblaciones de peces; la desertificación avanza cobrándose cada vez más tierras fértiles; ya se hacen evidentes los efectos adversos del cambio del clima; los desastres naturales son más frecuentes y más devastadores, y los

> países en desarrollo se han vuelto más vulnerables, en tanto que la contaminación del aire, el agua y los mares sigue privando a millones de seres humanos de una vida digna.

Se expresa igual preocupación por la brecha, cada vez más amplia, que separa a los ricos de los pobres, lo cual significa que los costos y los beneficios de la globalización, la apertura de nuevos mercados, la movilidad del capital, los notables aumentos en el flujo de inversiones y los avances de la tecnología están distribuidos desigualmente entre los países y las poblaciones del mundo (CMDS, 2002a). En consecuencia, el punto de consenso es que las cuestiones concernientes a la justicia y la equidad no constituyen un ámbito propio, sino que forman parte de los problemas relativos al medio ambiente.

El fundamento de nuestras preocupaciones ambientales

De lo anterior puede deducirse que el fundamento de nuestras preocupaciones por el agotamiento y la destrucción de los recursos es "nuestro futuro bienestar y el de nuestros descendientes", es decir, la raíz de esta preocupación radica en los intereses de nuestros hijos y nuestros nietos (ONU, 2000). Esta misma atención a los intereses de los seres humanos, más que a los del ambiente natural en sí, se observa en la Declaración de Johannesburgo; cada vez que se menciona la protección del medio ambiente es respecto a la necesidad de garantizar una base de recursos para el desarrollo económico y social. De hecho, cuando la Declaración de Johannesburgo enumera los retos a superar, se menciona, antes que alguna referencia directa a la situación del medio ambiente global, la "profunda fisura que divide a la sociedad humana entre ricos y pobres, así como el abismo cada vez mayor que separa al mundo desarrollado del mundo en desarrollo" (CMDS, 2002a).

Los objetos de nuestra preocupación

En la Declaración del Milenio se define, en términos generales, el objeto de nuestra preocupación ambiental como "las actuales pautas insostenibles de producción y consumo" (ONU, 2000). Sin embargo, las referencias presentes en los documentos de Johannesburgo explican claramente que los objetos primordiales de nuestra preocupación ambiental incluyen actividades que dan lugar al agotamiento y a la destrucción de los recursos, junto con los modos injustos y desleales de distribución de los costos y los beneficios de la producción y el consumo. Por lo tanto, además de las actividades que provocan el deterioro del medio ambiente, para conseguir un desarrollo sostenible tendremos que combatir todo aquello que impida el acceso a las demandas básicas, tales como el agua potable, el saneamiento o una vivienda adecuada, la energía, los cuidados de salud y la seguridad alimentaria. Además, la Declaración de Johannesburgo señala otra causa de preocupación: el peligro de que las disparidades globales se hagan permanentes (CMDS, 2002a). En consecuencia, los acuerdos comerciales internacionales y las condiciones locales de trabajo ya forman parte de los objetos de preocupación que la ética ambiental práctica, recomendada en los documentos de Johannesburgo, debe abordar.

Nuestras responsabilidades y obligaciones con el medio ambiente

Según la Declaración del Milenio, uno de los deberes primordiales en relación con nuestras preocupaciones ambientales es el uso prudente y sabio de los recursos: "Es necesario actuar con prudencia en la gestión y ordenación de todas las especies vivas y todos los recursos naturales, conforme a los preceptos del desarrollo sostenible". Además, tenemos el deber de modificar las "actuales pautas insostenibles de producción y consumo", y convertirlas en acciones más coherentes y prudentes (ONU, 2000).

¿Qué significa, en la práctica, esta recomendación de prudencia? Los Objetivos de Desarrollo del Milenio (Naciones Unidas, 2000) apuntan a una nueva ética de la conservación y a la gestión de los recursos. Según este documento, los primeros preceptos de esta nueva política ambiental deben ser los siguientes:

- hacer todo lo posible por que el Protocolo de Kyoto entre en vigor, de ser posible antes del décimo aniversario de la Conferencia de las Naciones Unidas sobre el Medio Ambiente y el Desarollo, en el año 2002, e iniciar la reducción de las emisiones de gases de efecto invernadero como exige dicho Protocolo [debe observarse que en la época en que se escribió el presente trabajo – noviembre de 2004 – el Protocolo de Kyoto todavía no había entrado en vigor];
- intensificar los esfuerzos colectivos en pro de la ordenación, la conservación y el desarrollo sostenible de los bosques de todo tipo;
- insistir en que se apliquen cabalmente el Convenio sobre la Diversidad Biológica y la Convención de las Naciones Unidas de lucha contra la desertificación en los países afectados por sequía grave o desertificación, particularmente en África;

- poner fin a la explotación insostenible de los recursos hídricos por medio de estrategias de ordenación de esos recursos en los planos regional, nacional y local, que promuevan un acceso equitativo y un abastecimiento adecuado;
- intensificar la cooperación con miras a reducir el número y los efectos de los desastres naturales y de los desastres provocados por el hombre; y
- garantizar el libre acceso a la información sobre la secuencia del genoma humano.

Por otra parte, la Declaración de Johannesburgo considera que el desarrollo sostenible ofrece al mundo una esperanza nueva y resplandeciente y, en consecuencia, pide que se tomen decisiones, adopten objetivos y calendarios para asegurar la protección de la biodiversidad y aumentar rápidamente el acceso a requisitos básicos tales como:
- el agua potable;
- el saneamiento;
- una vivienda adecuada;
- la energía;
- la atención de la salud; y
- la seguridad alimentaria (CMDS, 2002a).

En lo relativo a la erradicación del subdesarrollo, la Declaración de Johannesburgo contempla el establecimiento de asociaciones entre los países para ayudarnos los unos a los otros a:
- tener acceso a los recursos financieros;
- beneficiarnos de la apertura de los mercados;
- promover la creación de capacidad;
- utilizar la tecnología moderna para lograr el desarrollo; y
- asegurarnos de que se fomenten la transferencia de tecnología, el mejoramiento de los recursos humanos, la educación y la capacitación (CMDS, 2002a).

Otros problemas mundiales que, según la Declaración de Johannesburgo, merecen atención prioritaria, son aquellos que representan graves amenazas para el desarrollo sostenible de las poblaciones:
- hambre crónica;
- malnutrición;
- ocupación extranjera;

- conflictos armados;
- problemas de tráfico ilícito de drogas;
- delincuencia organizada;
- desastres naturales;
- tráfico ilícito de armas;
- trata de personas;
- terrorismo;
- intolerancia e incitación al odio racial, étnico, religioso y de otra índole;
- xenofobia; y
- enfermedades endémicas, transmisibles y crónicas, en particular el VIH/SIDA (CMDS, 2002a).

La Declaración de Johannesburgo reclama también un cambio radical en las vidas de los ricos para que los pobres del mundo no pierdan la fe en sus representantes y en los sistemas democráticos (CMDS, 2002a). Esta afirmación refleja la postulación que figura en uno de los documentos preparados para la Cumbre de Johannesburgo por el sector de ONG, según el cual, es necesario una "reducción de la riqueza" en el mundo de hoy para que podamos implementar eficazmente el desarrollo sostenible (Sachs, 2002).

El Plan de Aplicación de las Decisiones de Johannesburgo, un documento de 170 páginas, se formuló con esos objetivos, los cuales son explorados con mayor detalle al establecer plazos claros para metas concretas que se materializan en iniciativas regionales específicas (por ejemplo, para los pequeños Estados insulares en desarrollo, África, América Latina y el Caribe, Asia y el Pacífico, el Asia occidental y Europa) y al indicar los medios de ejecución y los marcos institucionales. No examinaré en detalle estos planes de implementación, sólo me limitaré a señalar que éstos reflejan los valores y principios explícitos en la Declaración del Milenio y la Declaración de Johannesburgo, a saber:

- la capacitación y la emancipación de la mujer;
- el acceso equitativo de todos, y en particular las mujeres, los jóvenes, los niños y los grupos vulnerables, a los beneficios de los recursos naturales y la tecnología;
- el apoyo a las iniciativas y alianzas regionales;
- la atención especial a las necesidades de desarrollo de los países menos avanzados;

- el reconocimiento del papel vital de las poblaciones indígenas en el logro del desarrollo sostenible;
- la aceptación de la importancia de las perspectivas a largo plazo y una participación amplia en la formulación de políticas;
- el apoyo a las oportunidades de empleo remunerado, teniendo presente la Declaración de Principios de la Organización Internacional del Trabajo relativa a los derechos fundamentales en el trabajo;
- la responsabilidad de las empresas;
- el fortalecimiento y la mejora de la gobernanza en todos los planos;
- la paz, la seguridad y la estabilidad;
- el respeto por los derechos humanos y las libertades fundamentales, incluido el derecho al desarrollo; y
- el respeto por la diversidad cultural (CMDS, 2002a, 2002b).

¿Qué debemos tratar de alcanzar?

Aunque la Declaración del Milenio no indica explícitamente lo que debemos alcanzar, ello está implícito en la reafirmación de los principios del desarrollo sostenible adoptados en 1992 en la Conferencia de las Naciones Unidas sobre el Medio Ambiente y el Desarrollo, celebrada en Río de Janeiro (Naciones Unidas, 2000), y se repite en la primera frase de la Declaración de Johannesburgo, referente al desarrollo sostenible, así como en el siguiente párrafo que establece una estrecha relación entre los objetivos y el compromiso de edificar una "sociedad mundial humanitara, equitativa y generosa, consciente de la necesidad de respetar la dignidad de todos los seres humanos" (CMDS, 2002a). Formulado en esos términos, el objetivo evidente del desarrollo sostenible consiste en liberarnos de "las indignidades y los ultrajes que engendran la pobreza, la degradación ambiental y el desarrollo insostenible" (CMDS, 2002a).

Teniendo esto presente, es evidente que el concepto de desarrollo sostenible presente en la Declaración de Johannesburgo conlleva, sobre todo, un programa muy amplio de desarrollo social. En efecto, los núcleos centrales son la erradicación de la pobreza y el acceso equitativo a los recursos y la información, mientras que la protección del ambiente, en particular el medio biofísico, desempeña un papel secundario en tanto que objetivo complementario o, en el mejor de los casos, como un requisito previo para alcanzar otras metas. Aunque el programa no ignora la protección del ambiente biofísico, se observa una clara desviación del desarrollo sostenible concebido como un proyecto "verde" centrado en la fauna, la flora y en los ecosistemas. Esto se hace evidente en la Introducción a la segunda Conferencia de Johannesburgo, celebrada en esta ciudad del 1º al 3 de septiembre de 2004 para conmemorar la Cumbre Mundial sobre el Desarrollo Sostenible de 2002 y evaluar los progresos del Plan de Aplicación. En una declaración muy audaz, esta introducción destacaba el hecho de que la Cumbre de Johannesburgo, que atribuye mayor importancia al desarrollo social, había "creado el equilibrio correcto entre los tres pilares del desarrollo sostenible: el desarrollo social, el crecimiento económico y la protección del medio ambiente. Esto significa un cambio decisivo en la errónea perspectiva dominante durante el pasado decenio, la cual contemplaba al desarrollo sostenible y la protección del ambiente como una misma cosa" (DEAT, 2004).

Así pues, la ética ambiental concreta y práctica, articulada en los documentos de Johannesburgo, dependerá del significado y del contenido que se dé al desarrollo sostenible. En la próxima sección examinaremos de forma más minuciosa el consenso relativo al "desarrollo sostenible", tal y como aparece en estos documentos.

PUNTOS DE CONVERGENCIA EN EL MODELO DOMINANTE DE DESARROLLO SOSTENIBLE

La Declaración del Milenio de las Naciones Unidas no da ninguna explicación acerca de lo que representa el desarrollo sostenible, aparte de una referencia en el párrafo 22 de dicho documento, en el que se reafirma el apoyo a los principios del desarrollo sostenible, "incluidos los enunciados en el Programa 21", aprobados en la Conferencia de las Naciones Unidas sobre el Medio Ambiente y el Desarrollo, celebrada en Río de Janeiro en 1992.

La sección VIII de la Declaración del Milenio, cuyo principal objetivo es la atención a las necesidades especiales de África, arroja alguna luz sobre este aspecto. En esta cláusula, se menciona el desarrollo sostenible como requisito previo para incorporar a África a la economía mundial, junto con la necesidad de ayudar a los africanos en su lucha por alcanzar una paz duradera y erradicar la pobreza (ONU, 2000). Otro aspecto, mencionado en esta parte VIII, es la estrecha relación de los retos de la erradicación de la pobreza y el desarrollo sostenible con diversas medidas como la cancelación de la deuda, un mejor acceso a los mercados, una mayor ayuda al desarrollo y el aumento de las corrientes de inversiones extranjeras directas, así como el de las transferencias de tecnología. A continuación se expresa la decisión de ayudar a África a aumentar su capacidad para hacer frente a la propagación de la pandemia del VIH/SIDA y otras enfermedades infecciosas (ONU, 2000).

Menciono estos puntos porque intento dar un contenido concreto de la definición dominante de "desarrollo sostenible", remontándose la formulación inicial de este concepto al Informe Brundtland (CMMAD, 1987). En dicha declaración, el desarrollo sostenible se definió como "el desarrollo que satisface las necesidades de las generaciones actuales de hoy sin comprometer la capacidad de las posteridades para satisfacer sus propias necesidades". La definición antes mencionada es plenamente conforme con las dos precisiones más importantes señaladas en el Informe Brundtland:

- Las necesidades de los pobres son un elemento central del desarrollo sostenible.
- La única limitación al desarrollo sostenible es el estado de la tecnología y la organización social de la sociedad.

Sin duda, esta definición es un fundamental punto de convergencia en el presente debate sobre la situación ambiental. Los jefes de Estado y los responsables de las políticas ecológicas en los gobiernos y en los círculos empresariales parecen estar de acuerdo en que esta definición expresa el significado central del desarrollo sostenible. Esto se demuestra con el hecho de que la definición propuesta por el Informe Brundlandt, no sólo se repite en toda la Agenda 21 y en sus documentos complementarios (Robinson, 1993), sino también en los numerosos documentos publicados por los gobiernos y el sector privado.

Un consenso similar se refleja en el gráfico que expresa esta definición de desarrollo sostenible. En la mayoría de los documentos oficiales de Johannesburgo, si no en todos, el desarrollo sostenible se presenta como la integración de tres elementos. Su representación clásica es la imagen de tres círculos superpuestos, que simbolizan las esferas económica, sociopolítica y ambiental. Este diagrama del desarrollo sostenible (el diagrama de Venn) suele plasmarse del modo siguiente:

Gráfico 1: Representación clásica del desarrollo sostenible

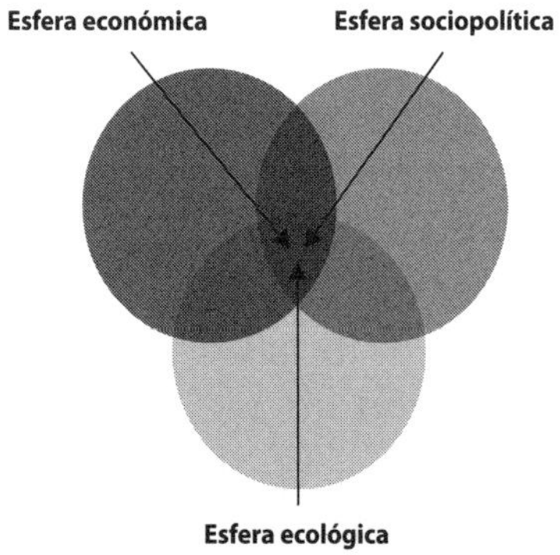

Si bien esta imagen puede considerarse incompleta, debido a que no incluye las esferas de la tecnología y de la gobernanza, es útil para el propósito de articular el punto de consenso, según el cual, el desarrollo sostenible representa la integración de esas tres esferas. Otras representaciones del desarrollo sostenible que incorporan las dimensiones tecnológica y de gobierno tienden, no obstante, a seguir presentando la imagen de los tres elementos que deben integrarse entre sí, con el complemento de una base compuesta por la tecnología y la gobernanza.

Gráfico 2: Otra representación clásica del desarrollo sostenible: el modelo de los tres pilares

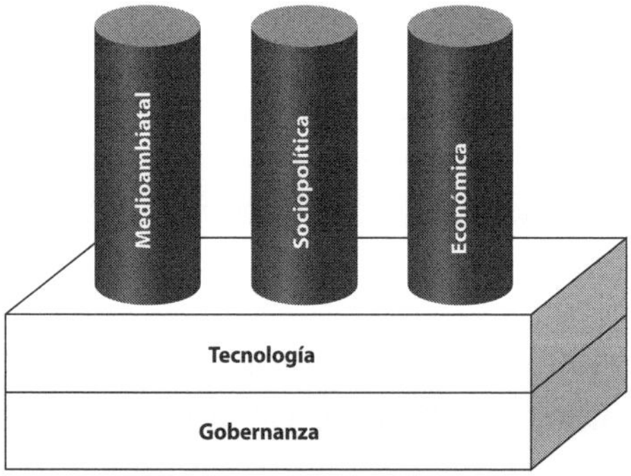

Muchas formulaciones de los documentos de Johannesburgo dan a entender que esos tres elementos, tal como están conceptualizados, están separados entre sí, aunque son interdependientes y se complementan mutuamente (CMDS, 2002a). La interdependencia y el fortalecimiento mutuo presuponen una interacción recíproca de diferentes esferas. De modo análogo, a menudo se hace referencia a los "tres componentes" del desarrollo sostenible que tienen que "integrarse" entre sí (CMDS, 2002b). Dentro de la esfera de la toma de decisiones en el sector empresarial y la gobernanza, se encuentra este mismo modelo de los tres elementos en las nociones de contabilidad, auditoría y preparación de informes (Elkington, 1998). Así pues, una decisión de gestión es aceptable si tiene sentido en relación con las tres "líneas de base": la financiera, la social y la ambiental.

Llevando un poco más lejos el ejemplo, y preguntándonos qué puede significar la "integración" de esos tres pilares o esferas, veremos que la tendencia dominante es la del equilibrio adecuado o el intercambio óptimo entre ellas. Esto entraña, evidentemente, las siguientes preguntas: "¿quién determina lo que es el equilibrio justo o la dosificación óptima entre las tres esferas del desarrollo sostenible?", "¿cómo se determina esto?" y, "¿a partir de qué hipótesis o consideraciones?".

Aunque se reconozca la eficacia de las ilustraciones del desarrollo sostenible para captar la imaginación de un público de empresarios (Zadek, 2003) y de políticos, y se tenga claro que éstas seguirán expresando la conceptualización dominante en este tema, es importante observar que esta propia imagen de tres pilares o esferas puede facilitar la identificación de ciertos problemas en el contexto del nuevo consenso mundial sobre las respuestas prácticas a nuestros problemas ambientales.

PROBLEMAS DEL CONSENSO SOBRE EL DESARROLLO SOSTENIBLE

Tres esferas separadas

Cuando se representa el modelo de desarrollo sostenible de los tres pilares, da la impresión de que se trata de tres esferas separadas, cuyas partes cuentan con su propio sistema de valores y que funcionan bajo su propia lógica interna, diferente y separada del resto.

Simon Zadek (2003) observa que esta separación de los "tres pilares del desarrollo sostenible" corrobora la noción de tres sistemas separados de valores que funcionan con arreglo a sus propias normas, independientes de las de los demás, lo que significa que estos tres sistemas de valores no tienen vínculos internos entre sí. Por consiguiente, el sistema de valores promovidos en la esfera económica, concebida aisladamente de las otras dos esferas, estriba en crear riqueza material y asegurar el crecimiento. Asimismo, los valores centrales propios de la esfera social se orientan hacia la mejora de la calidad de la vida de las personas y la garantía de la equidad entre los pueblos, las comunidades y las naciones. En consecuencia, los objetivos de proteger y conservar nuestro entorno biofísico natural sólo se encuentran en la esfera del medio ambiente.

Estas críticas hacen ver claramente que la protección y la conservación ambiental, en el marco del modelo dominante de tres pilares del desarrollo sostenible, corren el riesgo de ser interpretadas como un complemento, es decir, como algo que hay que atender una vez resueltas las otras prioridades de las esferas económica y social. Los peligros de esta noción son obvios, debido a que las cuestiones ambientales ocupan el tercer (y último) lugar en orden de importancia en cualquier proceso de toma de decisiones público que deba considerar valores concurrentes.

Así pues, en vez de trabajar con una imagen del desarrollo sostenible en la cual la protección y la conservación del medio ambiente puedan verse persistentemente desplazadas por consideraciones económicas y sociales "más importantes", una imagen mucho más precisa pero también mucho más compleja del desarrollo sostenible, la ofrecerían las tres esferas contenidas la una en la otra, con valores interconectados y con una lógica que las aglutine de forma inseparable. Una ventaja de esta imagen sería la reflexión acerca de la protección y la conservación ambientales. Ésta empezaría en el mismo momento en que considerásemos las cuestiones económicas o sociales, y viceversa. En tal caso, no trabajaríamos con tres programas separados (una triple línea de base, según Elkington) que deban integrarse después de haberlos distinguido y separado entre sí, sino con un único programa cuyas consideraciones económicas, sociales y ambientales se viesen como dimensiones de un sólo y mismo problema pendiente.

Mutua exclusión

El modelo de tres pilares del desarrollo sostenible refuerza la idea de que algunos aspectos de la actividad económica están al margen de las esferas sociales y ambientales, y que sólo en algunos sectores se produce una cierta superposición.

Este punto ya se ha examinado brevemente en la sección anterior, pero debemos afirmar explícitamente que no hay un sólo aspecto de la vida económica y social que no esté plenamente incluido en la esfera ambiental. No existe un sólo acto económico y social que no esté comprendido, en cierto modo, en el entorno biofísico, ya que éste lo hace posible y lo sostiene. De modo análogo, no hay un sólo acto económico y social que no tenga consecuencias para el entorno biofísico. Por lo tanto, es mucho más preciso sostener que estos tres aspectos no están separados, como indica el modelo dominante de desarrollo sostenible, sino interconectados, y que las esferas más grandes funcionan como contenedores que hacen posible la existencia de las partes más pequeñas y, de esta forma, también las sostienen (Zadek, 2003).

¿Cómo interactúan los tres pilares?

El modelo de los tres pilares no indica la manera en que éstos interactúan o se influyen recíprocamente, ni el tipo de dependencia entre ellos. La imagen de desarrollo sostenible del diagrama de Venn es útil porque ayuda a hacer una consideración general sobre la necesidad de integrar los tres círculos superpuestos para alcanzar este desarrollo. “El desarrollo sostenible”, suele decirse, “está en el punto de coincidencia de los tres círculos”. Sin embargo, esta vaga declaración no nos ayuda a determinar de qué forma es posible alcanzar esta coincidencia, o cómo las esferas económicas, sociales y ambientales deben interactuar entre sí en condiciones de “superposición sostenible”.

Este diagrama tampoco nos ayuda a conceptualizar adecuadamente la noción de riesgo ambiental, derivado del impacto negativo en el entorno natural de las actividades humanas en las esferas económica o sociopolítica. La grave erosión de los suelos, resultante de la excesiva explotación de los pastos, o la seria contaminación del agua generada por las actividades industriales que las autoridades establecen pero no vigilan adecuadamente por razones económicas o políticas, servirían de ejemplo a este respecto. En ambos casos, este modelo crea la impresión de que estos impactos ambientales son externos a las esferas económica o sociopolítica, oscureciendo así las conexiones internas entre los impactos ambientales negativos y las decisiones que parecen puramente económicas o sociopolíticas.

Compensaciones dentro de las esferas económica, social y ambiental

En el proceso político y en la toma de decisiones, la interacción entre las distintas esferas se reduce, habitualmente, a las compensaciones entre estos ámbitos; por ejemplo, los costos, digamos sociales o ambientales, en una esfera, se compensan (se hacen aceptables) con los beneficios de la esfera económica.

Con frecuencia, para referirse a las compensaciones dentro o entre las esferas económica, social y ambiental, se utiliza una terminología poco precisa: se habla, por ejemplo, de encontrar el "equilibrio correcto" entre los diferentes campos. Sin embargo, lo que puede considerarse un equilibrio correcto suele estar en función del conjunto de valores que los responsables de las decisiones consideran prioritarios. Desde el punto de vista del consenso dominante acerca del desarrollo sostenible, el sistema de valores que obtiene primacía es el de la justicia social y el desarrollo humano. En términos de esta prioridad, la economía mundial debería orientarse hacia la satisfacción de las necesidades de desarrollo de los pobres del mundo, mientras que la protección y la conservación del ambiente sólo podrían justificarse si sirvieran dentro del programa de desarrollo destinado a erradicar la pobreza. La otra cara de la moneda es que un programa de desarrollo de este tipo, por importante que sea para satisfacer las necesidades de los pobres, no nos ayuda a determinar en qué sectores o aspectos del entorno biofísico conviene no intervenir. Por el contrario, con un programa de desarrollo humano que fije los principios prioritarios, ningún sector o aspecto de la naturaleza puede estar definitivamente a salvo de la explotación que se lleva a cabo con fines humanos. Esto refleja lo que alguna vez dijo el jefe de Estado de uno de los países más pobres del África meridional: "Si tengo que sacrificar el último ejemplar de una especia salvaje de mi país para alimentar a mi pueblo, lo haré".

Optimismo directivo

El modelo de los tres pilares nos enclaustra en el lenguaje y la práctica de la gestión optimista, cuya política consiste en atenuar los inevitables costos sociales y ambientales relacionados con el desarrollo económico y humano.

Dadas las prioridades del crecimiento económico y el desarrollo social, el modelo dominante de desarrollo sostenible acepta la inevitabilidad de los impactos negativos en el entorno biofísico y también el hecho de que, en consecuencia, su principal contribución al logro del desarrollo sostenible consista en la atenuación de estos impactos negativos. La hipótesis en la que se apoya este criterio es la idea de que poseemos el conocimiento y las técnicas necesarias para controlar todos los riesgos ambientales a condición, naturalmente, de que el costo no sea excesivo o, por lo menos, que los beneficios superen los gastos. Dicho de otra manera, favorecer el crecimiento económico y el desarrollo social representa la posición por defecto en el modelo predominante de desarrollo sostenible pues minimiza los riesgos ambientales y el principio de precaución. Esto supone también que la atenuación pasa a un segundo plano, asume una importancia secundaria y se efectúa solamente para asegurar que el crecimiento y el desarrollo puedan seguir adelante. De esta forma, se observa que el modelo dominante de desarrollo sostenible realmente no nos ayuda a determinar qué zonas o aspectos del entorno biofísico debemos dejar a su propio destino, o manejarlos con enorme cuidado. Por el contrario, la tesis general de este modelo es que no hay nada en la naturaleza que deba quedar intacto si se quiere obtener un beneficio para los seres humanos y que, de algún modo, es posible atenuar nuestro impacto en la naturaleza, aunque en tal caso ésta no funcione a un nivel óptimo. A esta política puede oponerse la incertidumbre de no saber cómo funciona exactamente la naturaleza ni qué impacto tienen nuestras acciones en ella; en consecuencia, no sabemos exactamente cómo gestionar nuestro impacto en el entorno natural.

Los recursos como elementos infinitamente intercambiables

El mismo modelo supone que los recursos son infinitamente intercambiables, lo que no nos deja ninguna línea de defensa para la fijación de normas mínimas de seguridad y umbrales sociales y ambientales no negociables.

De los puntos críticos expuestos en las anteriores secciones se infiere que algunos de los aspectos de la naturaleza, si no todos, pueden "intercambiarse" en interés del hombre. Un recurso natural como un bosque, por ejemplo, puede talarse para vender la madera y el dinero de la venta puede destinarse a otros objetivos como la educación o el pago de servicios tales como carreteras, hospitales o escuelas. En este caso, los recursos naturales (o capital natural) son intercambiables con los recursos sociales o económicos (o capital social o económico). La intercambiabilidad infinita consiste en que este proceso de "trueque" de una forma de capital por otra puede continuar indefinidamente.

La idea de intercambiabilidad infinita plantea, por lo menos, dos importantes problemas: el primero es que no disponemos de una reserva ilimitada de capital natural. Nuestros recursos naturales pueden parecer ilimitados, dada la abundancia de algunos de ellos en la Tierra, pero no puede decirse lo mismo del carbón, el petróleo, el cobre o el hierro. Todos los yacimientos de estos minerales son finitos y, hasta ahora, el ingenio humano no ha conseguido encontrar sustitutos. Lo mismo sucede con los recursos renovables, de los cuales los principales ejemplos son los productos y servicios forestales: los bosques sólo pueden existir indefinidamente si se explotan a un ritmo inferior a su tasa de regeneración. No obstante, la realidad es distinta: en todo el mundo estamos explotando los bosques a un ritmo muy superior al de su restauración.

El segundo problema es que muchos "trueques" de capital natural por otras formas de capital entrañan procesos irreversibles: la tala completa de un bosque húmedo en las laderas de una montaña para dejar espacio a la construcción de viviendas es un claro ejemplo, porque podría ser imposible reconstituir un bosque similar en otra ladera montañosa cercana.

Racionalidad instrumental

El diagrama de las tres esferas corresponde a una versión de la racionalidad convencional e instrumental que no es suficientemente fuerte para oponerse a fenómenos como la explotación, el agotamiento y la destrucción del ambiente.

La racionalidad instrumental es un modelo de reflexión sobre los medios y los fines que asigna un valor a ciertos elementos y acciones en función de la manera en que éstos contribuyen a obtener un fin previsto. En el modelo dominante de desarrollo sostenible, los fines previstos son la justicia, el crecimiento económico y el desarrollo social. En consecuencia, todo lo que sirva para alcanzar estos fines es valioso y todo lo que no sirva carecerá de valor. Por ejemplo, si no puede demostrarse que la protección y la conservación del ambiente natural están indisolublemente vinculadas al programa de desarrollo social, tendrán menos valor que los proyectos que entrañan el uso de recursos naturales y que son clara y directamente beneficiosos para los programas de crecimiento económico y desarrollo social. Sin embargo, como hemos indicado anteriormente, esto plantea el problema de la consideración del desarrollo y la explotación del ambiente natural como un problema secundario, ya que casi cualquier impacto negativo en el medio ambiente será justificable si rinde beneficios sociales que no puedan alcanzarse de otra manera. El criterio en el que este modelo dominante de desarrollo sostenible se apoya es demasiado débil para asegurar la protección del medio ambiente contra las necesidades aparentemente insaciables del desarrollo social. Por el contrario, la racionalidad instrumental crea las condiciones que permiten explotar el ambiente biofísico hasta el agotamiento o la destrucción irreversibles.

Una concepción débil del desarrollo sostenible

Estas críticas culminan en la observación que contempla el modelo de los tres pilares como una concepción débil de desarrollo sostenible que permite al mundo seguir funcionando más o menos como hasta ahora. La distinción entre sostenibilidad débil y sostenibilidad fuerte es típica de la economía ambiental. En términos económicos, una sostenibilidad débil entraña el mantenimiento de un volumen total de capital que no disminuye con el tiempo; mientras que cuando hay una sostenibilidad fuerte, es el volumen de capital natural el que no disminuye con el tiempo. Como he indicado anteriormente, un volumen de capital que no disminuye puede permitir la sustitución del capital natural por capital humano o creado por el hombre y, de esta manera, se puede mantener la sostenibilidad dentro de límites razonables porque las reservas totales de capital no han disminuido. Se ha observado que esta noción no impone una reducción del impacto negativo en el ambiente natural, sino sólo una atenuación en la medida de lo posible, es decir, de seguirse esta política, el mundo quedaría en un estado muy parecido al de hoy. En cambio, la noción de sostenibilidad fuerte se basa en un volumen de capital natural que no disminuye con el tiempo. Para lograrlo, tendremos que cambiar radicalmente los patrones de producción y consumo imperantes en la actualidad. Una noción fuerte de sostenibilidad permitirá adoptar medidas enérgicas para cambiar el modo en que utilizamos los recursos naturales y la relación que mantenemos con el entorno biofísico.

Un modelo muy antropocéntrico

El modelo de tres pilares de desarrollo sostenible es antropocéntrico y deja poco o ningún margen a la consideración del valor intrínseco de la naturaleza o las entidades no humanas.

El modelo dominante de desarrollo sostenible esbozado anteriormente es, en todo punto, antropocéntrico. El concepto de antropocentrismo postula la idea de los seres humanos y sus necesidades como punto de partida respecto a cualquier consideración y, de esta forma, el resto del entorno sólo cobra valor cuando tiene una relación con el ámbito de los fines humanos. Desde esta perspectiva, esta teoría concede un valor instrumental a la naturaleza, siempre y cuando ésta contribuya a los propósitos humanos. Ahora bien, si se reconoce que los argumentos antropocéntricos son los más convincentes cuando se trata de persuadir a la gente de adoptar un programa de sostenibilidad ambiental –si no garantizamos la persistencia de la naturaleza, está en juego nuestra supervivencia como raza humana– resulta irónico que esos argumentos sean visiblemente débiles para alcanzar su objetivo. Muchos especialistas en ética ambiental sostienen que es necesaria una perspectiva diferente para proteger y conservar de modo efectivo el entorno biofísico.

Esta perspectiva se encuentra en el concepto del "valor intrínseco" de la naturaleza que, en resumen, significa que la naturaleza en general, y también sus partes componentes, poseen un valor en sí, independientemente de los beneficios que los humanos puedan obtener de ella. El valor intrínseco es un tema muy debatido en el ámbito de la ética ambiental, pero si tomamos en cuenta que varias contribuciones del presente libro han hablado ya de estos debates, no los vamos a estudiar aquí, excepto para mencionar que la idea de la naturaleza o sus componentes como valores intrínsecos todavía no ha obtenido el consenso en el que se basa la noción dominante de desarrollo sostenible.

Esto nos induce a preguntarnos a qué podría parecerse una conceptualización alternativa del desarrollo sostenible, y cómo superaría ésta las dificultades de la noción débil del desarrollo sostenible antes descrita.

HACIA UNA NOCIÓN ALTERNATIVA DE DESARROLLO SOSTENIBLE

Los especialistas en ética ambiental han concebido una noción alternativa de desarrollo sostenible que sustituye la imagen de los tres pilares separados por tres esferas contenidas entre sí; esta imagen alternativa sería más o menos así:

Gráfico 3: Imagen alternativa del desarrollo sostenible en forma de tres esferas superpuestas

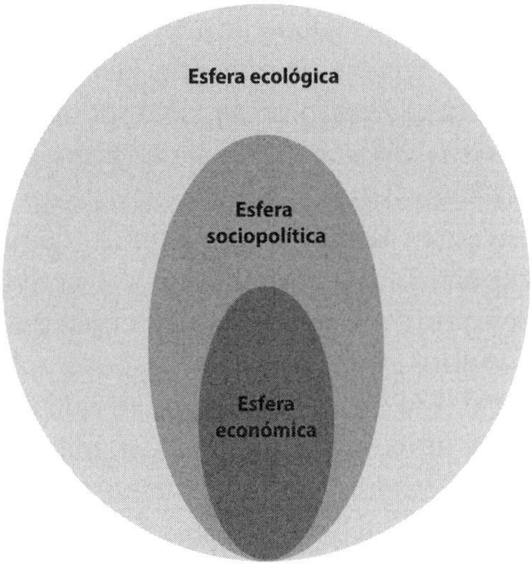

En esta imagen, cada círculo contiene la esfera más pequeña y no sólo hace posible su existencia, sino que, en el sentido literal de la palabra, la sostiene.

Esta imagen implica, además, que las actividades o los acontecimientos de una esfera pueden tener un impacto negativo en las otras, hasta el punto de perturbarlas o destruirlas. Una actividad económica –por ejemplo la extracción de metales preciosos como el oro o el platino con fines únicamente lucrativos– puede surtir efectos sociales y políticos devastadores si no se contemplan debidamente la salud y la seguridad de los mineros; o envenenar el suministro de agua de toda una región si no se controlan adecuadamente los vertidos de las plantas de elaboración. Pero también puede ocurrir lo contrario; por ejemplo, que un desastre natural, un terremoto, un *tsunami*, o una actividad humana como la guerra, destruyan, no sólo vastas superficies de la naturaleza, sino también asentamientos humanos, perturbando así las actividades sociopolíticas y económicas que se efectúan en las "esferas más pequeñas".

Así pues, esta imagen de las esferas encajadas requiere la prevención del impacto y no sólo simple atenuación, como ocurría con la imagen dominante antes descrita. Otra noción relacionada con esta imagen es la de la complejidad, la precaución y las normas mínimas de seguridad e, incluso, los umbrales no negociables en las esferas social y ambiental, espacios a los que no debemos ni siquiera acercarnos en nuestras actividades económicas.

Sin embargo, la consecuencia más importante de la imagen de las tres esferas encajadas es que esta visualización no implica que las consideraciones económicas, sociopolíticas y ambientales tengan su lógica y sus valores propios, distintos de los de las otras esferas. Las tres esferas están encajadas desde un principio, hasta un punto en que exigen la reconsideración fundamental de todo lo que hemos conceptualizado hasta ahora como actividad económica, compromiso sociopolítico, protección y conservación del medio ambiente. Desafortunadamente, el consenso sobre el modo en que debe efectuarse esta reconsideración, en qué sentido y con qué hipótesis, es todavía muy limitado e, incluso, inexistente en la esfera de la ética ambiental *teórica* y en la del activismo ambiental. A este respecto, la situación del debate ambiental se caracteriza, más bien, por la gran cantidad de experimentación y el fuerte enfrentamiento entre diferentes escuelas filosóficas. No obstante, es posible hacer unas sugerencias para señalar, en términos generales, la orientación que toma esta reconsideración en la esfera de la ética ambiental práctica.

- El modelo de las esferas encajadas destaca las relaciones e interdependencias que existen en conjuntos, contextos o sistemas más amplios, y no toma como punto de partida a los individuos o las entidades independientes.
- No poner al ser humano y a sus intereses por encima de todo lo demás como único punto de referencia en la consideración moral de las decisiones y las acciones; los partidarios del modelo de esferas encajadas tienden a recalcar que este antropocentrismo debe ceder espacio a la noción del valor intrínseco de la naturaleza, o por lo menos a algunos elementos de ella. Se sugiere, por ejemplo, que el bienestar y el florecimiento de la vida humana y no humana en la Tierra tienen un valor en sí mismos, independientemente de la utilidad del mundo no humano para los fines humanos (Naess, 2003).
- En vez de adoptar un enfoque abstracto y teórico en la búsqueda de "absolutos morales" (Palmer, 2003) aplicables a todos los casos suficientemente parecidos en todas las circunstancias, este modelo hace hincapié en un enfoque contextual, basado en una

serie de valores particulares que deben considerarse porque son consecuencia de las relaciones y las interdependencias concretas entre las entidades vivas y no vivas, humanas y no humanas, en marcos espaciales, temporales, culturales e históricos.

- Los partidarios de este modelo tienden a abordar las cuestiones ambientales prácticas tal y como existen en el mundo real, teniendo presente todo lo que constituya un "problema" ambiental y su "solución", incluidas las decisiones políticas y económicas, las ideologías, los usos y abusos del poder, en vez de permanecer encerrados en la torre de marfil del mundo académico, en sus intentos de replantear los conceptos de "riesgo ambiental", "conflicto", "individuo", "problemas ambientales", etc.
- En lugar de razonar a partir de una definición limitada de los problemas ambientales, considerados como amenazas al mundo natural, o sea a la fauna y la flora, este modelo se remite a una noción mucho más amplia de los problemas ambientales que incluye, entre otras cosas, cuestiones relacionadas con la distribución equitativa de los beneficios, las cargas derivadas del uso de los recursos naturales y la preservación de los sistemas de conocimiento indígena, de cuyos modos de interacción con la naturaleza podemos aprender mucho, sobre todo quienes estamos preocupados por la interpretación científica del mundo no humano.

CONCLUSIÓN Y RECOMENDACIONES

Se desprende de lo que precede que el consenso actual sobre la ética ambiental, tal y como se plasma en los documentos de Johannesburgo, parece muy valioso, debido al acuerdo que considera las preocupaciones por el agotamiento y la destrucción de los recursos como una prioridad mundial. Aunque se considere que este consenso se inspira plenamente en una teoría antropocéntrica del valor, es valioso también porque combina el programa de protección ambiental con el del desarrollo humano, en particular de los sectores más pobres y vulnerables de la sociedad. Cumbres como la de 1992 en Río de Janeiro y la de 2002 en Johannesburgo han establecido la relación entre los retos de la protección ambiental y las exigencias de justicia y equidad, valores que garantizan a todos los seres humanos el acceso adecuado a servicios básicos tales como el agua potable y el saneamiento, por mencionar sólo dos ejemplos.

Algunos pensadores convencionales quizá vean con desagrado el amplio programa de desarrollo establecido en el Plan de Aplicación de Johannesburgo, por creer que éste relega la protección del entorno biofísico a un lugar secundario en orden de importancia. Sin embargo, yo pienso que este amplio programa debe plantearse como una indicación de que todo lo que hacemos (o dejamos de hacer) tiene dimensiones económicas, sociales, políticas y ambientales propias, tan interrelacionadas entre sí que todavía no se conocen ni entienden los vínculos y cadenas causales que las unen (aun si suponemos que sea posible distinguirlas las unas de las otras).

Creo que los documentos de Johannesburgo, especialmente el Plan de Aplicación, tienen en cuenta esta complejidad, dado que cada objetivo, plan y estrategia para alcanzar los objetivos clave del desarrollo sostenible están desglosados meticulosamente en numerosas tareas y responsabilidades, divididas entre una amplia variedad de agentes e instituciones en diferentes niveles de organización social y política, con distintas funciones y responsabilidades institucionales.

Este consenso es una clara referencia al dilema al que hace frente hoy día la ética ambiental como empresa práctica. Por una parte, hay conciencia de los problemas ambientales del mundo, inseparables de las exigencias de garantizar la justicia, la equidad y el desarrollo humano sin destruir la base ecológica de la vida en la Tierra; pero también se vislumbra la complejidad que supone conceptualizar y responder a estas exigencias. Por otra parte, parece haber obstáculos insuperables respecto a la acción de nuestros problemas ambientales y los desafíos que éstos plantean. Uno de estos obstáculos es el pensamiento convencional que nos obliga, entre otras cosas, a atribuir conceptos abstractos a las cosas y a separar elementos que están interrelacionados, aislándolos de manera categórica, como las diferentes esferas del desarrollo sostenible antes descritas. Otros obstáculos son los compartimentos institucionales en las que nos movemos, las fronteras disciplinarias que fijamos en torno a nosotros, las especialidades que practicamos y los funcionarios que somos, con límites claramente definidos, fuera de los cuales no estamos autorizados a actuar.

Ante semejante dilema, parece que no somos capaces de determinar el o los paradigmas de pensamiento y la acción causante de las dificultades ambientales y humanas que sufrimos hoy; diríase que, colectivamente, somos incapaces de reconocer, conceptualizar y desarrollar otros paradigmas que nos ayuden a salir de estas tribulaciones. Afortunadamente hay un pequeño grupo de personas, algunas de ellas filósofos y otros militantes que, al margen del poder, se permiten experimentar con pensamientos, acciones y estilos de vida alternativos.

Esto hace que nos preguntemos si la mayoría de nosotros podemos hacer lo mismo; a mi parecer, es a este respecto que la UNESCO puede tomar algunas iniciativas para ayudar a los países, a los políticos, a los directores de empresa, a los consumidores y a los ciudadanos a resolver los dilemas ambientales expuestos anteriormente.

A mi modo de ver, y a la luz del debate precedente, parece haber tres sectores en los que los universitarios, éticos, filósofos y militantes pueden mejorar la ética ambiental como empresa práctica. Estas personas pueden hacer tres aportes: en primer lugar, contribuir a la conciencia y entendimiento de los contornos, hipótesis y consecuencias del consenso dominante en la ética ambiental como empresa práctica. En segundo lugar, pueden ayudar a explorar paradigmas alternativos del pensamiento y la acción para determinar si se podría prescindir de los paradigmas dominantes del pensamiento y la práctica que, en el mejor de los casos, tienen por objeto responder a nuestros retos ambientales pero que, al parecer, no lo hacen con mucha eficacia y, lo que es peor, son el origen mismo de nuestros problemas ambientales. En tercer lugar, pueden reconceptualizar lo que, en el modelo dominante de desarrollo sostenible, se percibe todavía como tres esferas separadas de actividad: la económica, la sociopolítica y la ambiental; y presentarlas, en cambio, como dimensiones de nuestras actividades en tanto que seres humanos dependientes los unos de los otros, que sólo pueden diferenciarse entre sí al nivel del pensamiento abstracto.

Yo creo que estas tres proposiciones pueden y, desde luego, deben constituir la base y la sustancia de la relación con los que ejercen el poder –los responsables de las políticas ambientales en los gobiernos y empresas de todo el mundo, así como los que las llevan a cabo, es decir, los políticos, los gabinetes, los ministros y los jefes de Estado– para discutir con ellos lo que significa el consenso actual acerca de las cuestiones ambientales y de desarrollo, destacando los puntos fuertes y débiles de su consenso y ayudarles a buscar posibles medios alternativos para conceptualizar y responder a nuestros desafíos ambientales y de desarrollo. Creo que la UNESCO puede contribuir a la creación de oportunidades para este tipo de relación. He aquí algunas sugerencias prácticas con esta finalidad.

- La UNESCO podría ayudar a los países miembros a examinar sus documentos de políticas ambientales y su marco jurídico para determinar si esos documentos reconocen el concepto de desarrollo sostenible y, si es así, precisar qué modelo de desarrollo sostenible ha sido adoptado y si éste es suficientemente fuerte para proteger al entorno biofísico y a la población de la dominación y de la explotación con ánimo de lucro inmediato. Si el modelo de desarrollo sostenible adoptado no resulta suficientemente fuerte, deberían formularse propuestas para resolver este problema.
- La UNESCO podría ayudar sus países miembros a hacer un estudio de las interacciones entre sus instituciones de gobierno, sus órganos de sociedad civil y las empresas comerciales operantes en sus países, para ver si en estas interacciones se contempla el desarrollo sostenible y, de ser así, formular y responder a las mismas preguntas del párrafo anterior.
- La UNESCO podría ayudar a las grandes organizaciones internacionales, como las Naciones Unidas y la Organización Mundial del Comercio, a hacer un estudio de sus políticas, prácticas y estructuras de organización con objeto de deducir una posición clara respecto de las cuestiones enumeradas en los dos párrafos precedentes.

BIBLIOGRAFÍA

CMDS (Cumbre Mundial sobre el Desarrollo Sostenible). 2002a. *Declaración de Johannesburgo sobre el Desarrollo Sostenible.* www.un.org/esa/sustdev/documents/WSSD_POI_PD/English/POI_PD.htm (consultado el 23 de junio de 2006).

———. 2002b. *Plan de Aplicación de las Decisiones de Johannesburgo.* www.un.org/esa/sustdev/documents/WSSD_POI_PD/English/POIToc.htm (consultado el 23 de junio de 2006).

CMMAD (Comisión Mundial sobre Medio Ambiente y Desarrollo). 1987. *Nuestro futuro común.* Segunda reimpresión. Madrid, España, Alianza Editorial.

De Geus, M. 1999. *Ecological Utopias: Envisioning the Sustainable Society.* Utrecht, Países Bajos, International Books.

DEAT (Department of Environmental Affairs and Tourism, South Africa). 2004. *Introduction to the Johannesburg + 2 Conference,* 1° a 3 de septiembre de 2004. Sandton Convention Centre, Johannesburgo: Delegate´s Resource Park.

Elkington, J. 1998. *Cannibals with Forks: The Triple Bottom Line of the 21st Century*. Oxford, Reino Unido, Capstone.

Naess, A. 2003. "The deep ecological movement: some philosophical aspects", en A. Light y H. Rolston III (eds), *Environmental Ethics: An Anthology*. Oxford, Blackwell Publishing, pp. 262-274.

ONU. 2000. *Declaración del Milenio. Resolución de la Asamblea General* A/RES/55/2 – 55/2. www.un.org/millennium/declaration/ares552e.htm (consultado el 23 de junio de 2006).

Palmer, C. 2003. "An overview of environmental ethics", en A. Light y H. Rolston III (eds), *Environmental Ethics: An Anthology*. Oxford, Blackwell Publishing, pp. 15-37.

Robinson, N. A. (ed.). 1993. *Agenda 21 and the UNCED Proceedings*, vol. 1-5. Nueva York, Londres y Roma, Oceana Publications.

Sachs, W. (ed.). 2002. *Fairness in a Fragile World: Memorandum for the World Summit on Sustainable Development*. Berlín, The Heinrich Böll Foundation.

Zadek, S. 2003. *The Civil Corporation: The New Economy of Corporate Citizenship*. Londres, Earthscan.

ÍNDICE TEMÁTICO